SAMMLUNG GÖSCHEN BAND 961/961a

TECHNISCHE SCHWINGUNGSLEHRE

von

Prof. Dr.-Ing. habil. L. ZIPPERER
Karlsruhe i. B.

ehemals Direktor der Ingenieurschule Mittweida und
apl. Professor der Technischen Hochschule Dresden

II

TORSIONSSCHWINGUNGEN IN MASCHINENANLAGEN

Mit 59 Abbildungen

Zweite, neubearbeitete Auflage

WALTER DE GRUYTER & CO.
vormals G. J. Göschen'sche Verlagshandlung · J. Guttentag,
Verlagsbuchhandlung · Georg Reimer · Karl J. Trübner · Veit & Comp.

BERLIN 1955

Dem Andenken meiner Frau
Emmy
1899 – 1944

WALTER DE GRUYTER & CO.
Berlin W 35, Genthiner Str. 13

Archiv-Nummer 110 961
Satz und Druck von Mercedes-Druck · Berlin SW 61
Printed in Germany

Inhaltsverzeichnis

Abbildungen und Gleichungen sind durchlaufend numeriert; Literaturhinweise befinden sich in eckiger Klammer hinter dem Autor.

Literaturverzeichnis

1. Arnold, R.: Neue Beiträge zur abgekürzten Drehschwingungsrechnung mit Hilfe der Ersatzmasse. Dissertation T. H. Karlsruhe 1944 (Auszug ATZ 1944).
2. Baranow: Zur Berechnung der Drehschwingungszahlen. ZVDI 1932 S. 184.
3. Behrens: Näherungsrechnung der Drehschwingungen von Mehrzylindermaschinen. WRH 1930, S. 55ff.
4. Biezeno-Grammel: Technische Dynamik. Springer 1952.
5. Collatz: Genäherte Berechnung von Eigenwerten. ZaMM 1939, S. 224.
6. Deutler: Graphische Bestimmung von Eigenfrequenzen. Techn. Mechanik und Thermodynamik 1930, S. 434.
7. Dreves, R.: Neues graphisches Verfahren auf statischer Grundlage zur Untersuchung beliebiger Wellenmassensysteme auf freie Drehschwingungen. ZVDI 1918, S. 588.
8. Föppl: Dreh- und geradlinige Schwingungen von Wellen und Massen. ZaMM 1921, S. 367.
9. Frahm, H.: Neue Untersuchungen über die dynamischen Vorgänge in den Wellen von Schiffsmaschinen mit besonderer Berücksichtigung der Resonanzschwingungen. ZVDI 1902, S. 797.
10. Frank, B.: Abgekürzte Drehschwingungsrechnung mit Hilfe der Ersatzmasse und Ersatzkraft. Dissertation T. H. Karlsruhe 1939 (Auszug: Ing. Archiv 10, Heft 6).
11. Funk: Über die Berechnung der kritischen Drehzahlen homogener und fast homogener Maschinen. ZaMM 1935, S. 113.
12. Geiger, J.: Über Verdrehungsschwingungen von Wellen (Dissertation T. H. Berlin 1914).
   – : Zur Berechnung der Verdrehungsschwingungen von Wellenleitungen. ZVDI 1921, S. 1241.
   – : Mechanische Schwingungen und deren Messung. Springer 1927.
13. Geislinger: Drehschwingungen von Systemen mit gleichmäßig verteilter Masse. WRH 1937, S. 334.
14. Grammel, R.: Ein neues Verfahren zur Berechnung der Drehschwingungszahlen von Kurbelwellen. Ing. Archiv 2 (1931), S. 228.
   – : Die Berechnung der Drehschwingungen von Kurbelwellen mittels der Frequenzfunktionen-Tafel. Ing. Archiv 3 (1932), S. 277.
15. Gümbel, L.: Verdrehungsschwingungen eines Stabes mit fester Drehachse und beliebiger zur Drehachse symmetrischer Massenverteilung unter dem Einfluß beliebiger harmonischer Kräfte. ZVDI 1912, S. 1025.
   – : Verdrehungsschwingungen und ihre Dämpfung. ZVDI 1922, S. 252.
16. Holzer, H.: Torsionsschwingungen von Wellen mit beliebig vielen Massen Schiffbau 1907, S. 823.
   – : Berechnung der Drehschwingungen. Springer 1921.
17. Klotter: Analyse der verschiedenen Verfahren zur Berechnung der Torsionseigenschwingungen von Maschinenwellen. Ing. Arch. 1950, S. 291.
18. Kohn: Zeichnerisches Verfahren zur Bestimmung der Torsionseigenschwingungszahlen. Maschinenbau 1926, S. 221.
19. Kraemer, O.: Bau und Berechnung der Brennkraftmaschinen. 3. Aufl. 1948 (Springer) (Abschnitt: Schwingungen).
   – : Lehrstuhl-Umdruck, abgekürzte Drehschwingungsrechnung (T. H. Karlsruhe).
20. Kull, G.: Kritische Drehzahlen schnell umlaufender Wellen. ZVDI, 1918, S. 249.

Literaturverzeichnis

1. Kutzbach, K.: Untersuchungen über Wirkung und Anwendung von Pendeln und Pendelketten im Maschinenbau. ZVDI 1917, S. 917.

22. Magg, J.: Drillungsschwingungen in Kurbelwellen. ZVDI 1918, S. 743.

23. O'Callaghan, Th.: Berechnung von Torsionsschwingungen an Hand der Theorie der effektiven Massen. Fachverlag Schiele u. Schön, Berlin, 1953.

24. Pöschl und Collatz: Über die Berechnung homogener Maschinen. ZaMM 1938, S. 186.

25. Roth: Schwingungen von Kurbelwellen. ZVDI 1904, S. 564.

26. Salyi: Ein graphisches Verfahren zur Bestimmung der Eigenfrequenzen von Systemen mit mehereren Massen. Ing. Arch. 1942, S. 104.

27. Saß: Beiträge zur Berechnung kritischer Drehzahlen. ZVDI 1921, S. 67.

28. Seelmann: Die Reduktion der Kurbelkröpfung. ZVDI 1925, S. 601.

29. Söchting: Berechnung der Eigenschwingungszahlen von Wellenleitungen durch Teilung der Feder in den Knotenpunkten. ZaMM 1934, S. 378.
–: Rechentafeln zur Berechnung der Eigenschwingungszahlen von 4- und 6-zylindrischen Reihenmotoren mit gleicher Triebwerksmasse. ATZ 1934, S. 266.

30. Strunz: Die Drehschwingungen in Kolbenmaschinen. R. C. Schmidt u. Co. Berlin 1938 u. 1952.

31. Tolle, M.: Gutachten für Reichsmarineamt und Verkehrstechnische Prüfungskommission (Veröffentlichung erst nach dem ersten Weltkrieg).
–: Reglung der Kraftmaschinen. Springer 3. Aufl. 1921 (mit Abschnitt über Torsionsschwingungen).

32. Waimann: Zeichnerisches Verfahren zur Berechnung von Wellen. ZVDI 1934, S. 1083.

33. Wydler, H.: Drehschwingungen in Kolbenmaschinenanlagen und das Gesetz ihres Ausgleiches. Springer 1922.

34. Zipperer, L.: Harmonische Analyse. Dinglers Journal 1918 u. 1922.
–: Tafeln zur harmonischen Analyse periodischer Kurven. Springer 1922.
–: Bestimmung der Torsionsschwingungszahlen durch Modellversuch und Näherungsverfahren. Dissertation T. H. Karlsruhe 1921 (nicht gedruckt).

35. Züblin: Graphische Bestimmung der Eigenfrequenz. WRH 1937, S. 24.

Ausländische Literatur

(Es sind nur die Autoren angegeben mit den Jahreszahlen der Veröffentlichung; ausführliche Angaben in O'Callaghan [23].)

Ballet [50]; Biot (40); Coleman (39); Concordia (43); Conway (46); Dick (38); McDonald (38), Fettis (49); den Hartog (45); Honbolt and Anderson (48); Lewis (25); Morris (37, 47, 48); Ormondroyd (38); Pipes (42); Porter (29 31);Tuplin (34, 36); Wilson (40,45).

Geschichtlicher Rückblick

Zahlreiche Wellenbrüche in den Maschinenanlagen von Seedampfern in den letzten Jahren des vergangenen Jahrhunderts ließen aus den eigenartigen Verdrehungsstrukturen erkennen, daß der Bruch nur durch Zusatzbeanspruchungen infolge Resonanzerscheinungen möglich war. Die Werft Blohm & Voss in Hamburg ließ diese Erscheinung durch Frahm [9] untersuchen, wobei sich ergab, daß von 21 untersuchten Maschinenanlagen 8 Anlagen im Gebiet der Kritischen Drehzahlen liefen. Frahm ersetzte zur Berechnung der Eigenfrequenzen die Anlage durch ein System mit zwei Massen. Zwei Jahre später zeigte Roth [25], wie man die Eigenfrequenzen für ein Wellensystem mit drei Massen berechnet. Die Berechnung bei beliebig vielen Massen veröffentlichte Holzer [16] im Jahre 1907. Einige Zeit später lernte man ein graphisches Verfahren von Gümbel [15] kennen, das von Geiger [12] vervollständigt wurde. Im ersten Weltkrieg zeigten Resonanzerscheinungen in den Maschinenanlagen von U-Booten, Luftschiffen und Riesenflugzeugen wieder die Notwendigkeit der dynamischen Behandlung der Wellenleitungen. Es entstand ein neues, vielseitiges Verfahren von Tolle [31], das jedoch erst nach dem Kriege der Öffentlichkeit übergeben werden konnte.

Der Luftschiffbau Schütte-Lanz hatte rechtzeitig die Notwendigkeit der dynamischen Überprüfung der zunächst rein statisch berechneten Maschinenanlage erkannt und den Verfasser mit der Durchführung der Schwingungsberechnungen beauftragt. Außer einem aus dem Gümbel-Geigerschen abgeleiteten rechnerischen Verfahren entstanden die Tafeln zur harmonischen Analyse periodischer Kurven [34].

Weitere Verfahren brachten Dreves [7] und Kutzbach [21]. Ein Versuch, die Schwingungsberechnungen mit einem Modellversuch durchzuführen, brachte die Dr.-Ing.-Dissertation [34] des Verfassers, die auch ein Näherungsverfahren für einen Sonderfall enthält. Ein weiteres Verfahren veröffentlichte Grammel [4; 14] mit einer großen Zahl von verschiedenen Schaltungen von mehreren Maschinenanlagen auf die Arbeitsmaschine. Ein weiteres graphisches Verfahren stammt von Kraemer [19] und seinen Mitarbeitern Frank [10] und Arnold [1]. Die beiden letzten Verfahren bringen Vereinfachungen für die Behandlung der Maschinenanlage (homogene Maschine) und Wellenverzweigung. Aus dem Tolle'schen Verfahren entwickelte der Verfasser für homogene Maschinen weitere Berechnungsformeln*). Die Änderungsformeln von Tolle für Wellenverzeigung sind leider im letzten Weltkrieg vernichtet worden.

Die auf Wydler [33] zurückgehenden Verfahren mit der „effektiven Masse", die besonders in den USA Anwendung finden und auch erweitert wurden nach der zusammenfassenden Veröffentlichung von O'Callaghan [23], sind in einem besonderen Abschnitt behandelt.

Diese Verfahren werden im vorliegenden zweiten Bändchen der Schwingungslehre behandelt. Besonders ausführlich die Verfahren von Tolle, Grammel und Kraemer-Frank-Arnold.

1. Allgemeine Verfahren

11 Verfahren Holzer

In Band I 3215 sind die Frequenzgleichungen für Längsschwinger mit 2 und 3 Massen abgeleitet. Wie in I 3231 gezeigt, können diese auf Torsionsschwingungen angewandt werden, wenn die Masse m durch das Massenträgheitsmoment θ, die Richtkraft c durch das Richtmoment C ersetzt wird.

Für n Massen lautet die Frequenzgleichung:

$$f(\omega) = a_{n-1}\,\omega^{2(n-1)} + a_{n-2}\,\omega^{2(n-2)} + \ldots + a_1\,\omega^2 + a_0 = 0, \tag{1}$$

die graphisch zu lösen ist durch Auftragen der Funktionswerte $f(\omega)$ als Funktion von ω. Es entstehen n—1 Nullstellen und damit n—1 Wurzeln. Für $n = 4$ wird z. B.

$$\begin{aligned} f(\omega) &= a_3\,\omega^6 + a_2\,\omega^4 + a_1\,\omega^2 + a_0 = 0 \\ \omega^6 &+ \frac{a_2}{a_3}\,\omega^4 + \frac{a_1}{a_2}\,\omega^2 + \frac{a_0}{a_3} = 0. \end{aligned} \tag{2}$$

*) Bisher unveröffentlichte Arbeit des Verfassers.

Holzer [16] hat das Bildungsgesetz für die Koeffizienten aufgestellt; diese sind für $n=4$:

$$\frac{a_2}{a_3} = \frac{\Theta_1 + \Theta_2}{\Theta_1 \cdot \Theta_2} c_{12} + \frac{\Theta_2 + \Theta_3}{\Theta_2 \cdot \Theta_3} c_{23} + \frac{\Theta_3 + \Theta_4}{\Theta_3 \cdot \Theta_4} c_{34}$$

$$\frac{a_1}{a_3} = \frac{\Theta_1 + \Theta_2 + \Theta_3}{\Theta_1 \cdot \Theta_2 \cdot \Theta_3} c_{12}\, c_{23} + \frac{\Theta_1 + \Theta_2}{\Theta_1 \cdot \Theta_2} \cdot \frac{\Theta_3 + \Theta_4}{\Theta_3 \cdot \Theta_4} c_{12} \cdot c_{34} + \frac{\Theta_2 + \Theta_3 + \Theta_4}{\Theta_2 \cdot \Theta_3 \cdot \Theta_4} c_{23} \cdot c_{34} \tag{3}$$

$$\frac{a_0}{a_3} = \frac{\Theta_1 + \Theta_2 + \Theta_3 + \Theta_4}{\Theta_1 \cdot \Theta_2 \cdot \Theta_3 \cdot \Theta_4} c_{12} \cdot c_{23} \cdot c_{34}$$

12 Determinantenverfahren Mies

Übersichtlicher ist die Determinantenform, die für ein 3-Massensystem lautet:

$$\begin{vmatrix} (\theta_1\,\omega^2 - c_{12}) & c_{12} & 0 \\ c_{12} & (\theta_2\,\omega^2 - c_{12} - c_{23}) & c_{23} \\ 0 & c_{23} & \theta_3\,\omega^2 - c_{23} \end{vmatrix} = 0 \tag{4}$$

Aus dieser berechnet sich die Frequenzgleichung:

$$\omega^4 - \left[\frac{\Theta_1 + \Theta_2}{\Theta_1 \cdot \Theta_2} c_{12} + \frac{\Theta_2 + \Theta_3}{\Theta_2 \cdot \Theta_3} c_{23}\right] \omega^2 + \frac{\Theta_1 + \Theta_2 + \Theta_3}{\Theta_1 \cdot \Theta_2 \cdot \Theta_3} c_{12} \cdot c_{23} = 0 \tag{5}$$

die mit $\omega^2 = z$ als quadratische Gleichung noch direkt lösbar ist.

Über die Berechnung von Θ und c gibt Abschnitt 51 Auskunft.

Die Darlegungen zeigen, daß die Aufstellung der Frequenzgleichung, deren Lösung auch wieder nur graphisch möglich ist, wobei der Nullstellenwert gegebenenfalls verbessert werden kann (z. B. Newtonsches Verfahren), eine sehr umfangreiche Rechenarbeit erfordert, die vollständig wiederholt werden muß, wenn aus konstruktions- oder schwingungstechnischen Gründen Änderungen am schwingenden System, an der Maschinenanlage vorgenommen werden müssen.

Es lag daher nahe, rechnerisch einfachere Verfahren zu finden.

Näherungsverfahren

Man versuchte die Rechnung durch Zusammenfassen einiger Massen zu vereinfachen, möglichst auf ein System mit 2 oder 3 Massen, das noch direkt zu behandeln ist. Wydler [33] zeigte an einem Beispiel mit 8 Massen, welche Fehler hierdurch entstehen können. Wie die folgende Zusammenstellung zeigt, kann die Zusammenfassung nur auf 4 Massen vorgenommen werden, um die ersten beiden Eigenfrequenzen hinreichend genau zu erhalten.

bei Ersatz durch	2	3	4	5	8 Scheiben
n_1	1243	1304	1350	1361	1367
n_2		2195	2210	2214	2219
n_3			4050	4584	4935
n_4				6253	7739
n_5					10140
n_6					11970
n_7					13120

13 Verfahren Dreves

Dreves [7] bestimmt die Schwingungsknotenpunkte für die einzelnen Eigenfrequenzen und berechnet hieraus die Größe der Eigenschwingungszahl.

Aus der allgemeinen Schwingungsgleichung

$$T = 2\pi \sqrt{\frac{m}{c}} \text{ bzw. } \omega = \sqrt{\frac{c}{m}} \tag{6}$$

folgt, wie in I 12, S. 11*), abgeleitet ist:

*) Bd. I der Technischen Schwingungslehre (Slg. Göschen Bd. 953).

$$\omega = \sqrt{\frac{g}{d}} \tag{7}$$

Abb. 1

worin d der Verdrehungsbogen unter Einwirkung der Eigenbelastung ist.

Auf ein Drehpendel übertragen wird nach Abb. 1

$$d = \varphi \cdot r \cdot x = \frac{Q \cdot r}{G \cdot J_p} \cdot r \cdot x$$

und mit $Q = mg$ und $mr^2 = \theta$; G: Gleitmodul und J_p dem Flächenträgheitsmoment

$$d = \frac{m \cdot g \cdot r^2}{g \cdot J_p} \cdot x = \frac{\Theta \cdot g}{G \cdot J_p} \cdot x$$

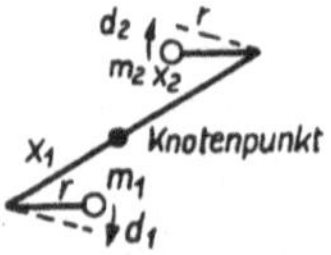

Abb. 2

Schließlich:

$$\omega = \sqrt{\frac{g}{d}} = \sqrt{\frac{g \cdot J_p}{\Theta}} \cdot \frac{1}{x} \tag{8}$$

Für ein System mit zwei Massen (Abb. 2) ist der Knotenpunkt dadurch bestimmt, daß $d_1 = d_2$ ist.

Hieraus folgt:

$$\theta_1 \cdot x_1 = \theta_2 \cdot x_2$$

und, da

$$x_1 + x_2 = l \text{ ist:}$$

$$x_1 = \frac{\Theta_2}{\Theta_1 + \Theta_2} l \qquad x_2 = \frac{\Theta_1}{\Theta_1 + \Theta_2} l \tag{9}$$

Einer dieser Werte in die Gl. (8) eingesetzt, ergibt:

$$\omega = \sqrt{\frac{G \cdot J_p}{l} \cdot \frac{\Theta_1 + \Theta_2}{\Theta_1 \cdot \Theta_2}} \tag{10}$$

Für ein System mit drei Massen gilt:

$$d_1 = d_2 = d_3.$$

Mit den Bezeichnungen der Abb. 3 wird:

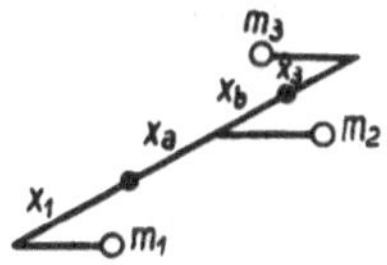

Abb. 3

$$f_1 = \frac{g}{G \cdot J_p} \cdot \Theta_1 \cdot x_1$$

$$f_3 = \frac{g}{G \cdot J_p} \cdot \Theta_3 \cdot x_2$$

$$f_2 = \frac{g}{G \cdot J_p} \cdot \Theta_2 \frac{x_a \cdot x_b}{x_a + x_b}$$

also:

$$\Theta_1 x_1 = \Theta_2 \frac{x_a \cdot x_b}{x_a + x_b} = \Theta_3 \cdot x_3$$

Mit den Scheibenabständen l_1 und l_2 erhalten wir:

$$x_3^2 + \frac{\Theta_2(\Theta_1 - \Theta_3)\, l_2 - \Theta_1(\Theta_2 + \Theta_3)\, l_1}{\Theta_3(\Theta_1 + \Theta_2 + \Theta_3)} x_3 + \frac{\Theta_1 \cdot \Theta_2 \cdot l_2 (l_1 - l_2)}{\Theta_3(\Theta_1 + \Theta_2 + \Theta_3)} = 0$$

und daraus

$$x_a = l_1 - l_2 - \frac{\Theta_3}{\Theta_1} x_3$$

Die Auflösung beider Gleichungen nach x_3 und x_a gibt die Lage der Knotenpunkte und gestattet die Berechnung der Eigenfrequenzen.

Zur Lösung gibt Dreves ein graphisches Verfahren, das für ein System mit zwei Massen sich in folgender Weise gestaltet (Abb. 4): Im Abstand l werden die Werte $\theta_1 \cdot l$ und $\theta_2 \cdot l$ aufgetragen. Der Schnittpunkt S ergibt die Lage des Knotenpunktes. Bezeichnen wir die Entfernung des Schnittpunktes S von der Horizontalen mit y, so erhalten wir für diese nach Abb. 4:

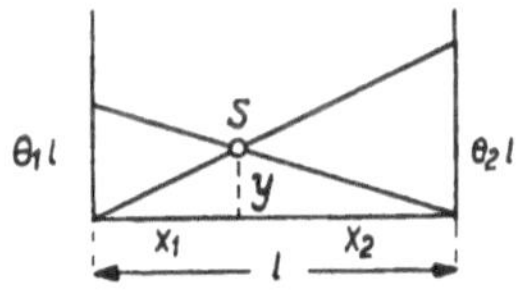

Abb. 4

$$\frac{\Theta_1 \cdot l}{l} = \frac{y}{x_1}$$

also:

$$y = \theta_1 \cdot x_1$$

Damit ergibt sich die Eigenfrequenz zu

$$\omega = \sqrt{\frac{G \cdot J_p}{y}} \tag{11}$$

Bereits bei drei Massen wird das Verfahren unübersichtlich, ganz besonders, wenn die θ und c-Werte erheblich verschieden sind. Dreves hat dies selbst erkannt und deshalb ein besonderes Schema für die Konstruktion der Kurven angegeben.

2. Indirekte Verfahren*)

21 Verfahren Gümbel-Geiger

Gümbel zeigt in seiner grundlegenden Veröffentlichung: „Verdrehungsschwingungen eines Stabes mit fester Drehachse und beliebiger zur Drehachse symmetrischer Massenverteilung unter dem Einfluß beliebiger harmonischer Kräfte“ [15], wie man die Schwingungsausschläge eines Systems mit beliebig vielen Schwungscheiben mit Hilfe des Seilecks bestimmen kann.

Die Verdrehung zweier Wellenquerschnitte, die 1 cm voneinander entfernt sind, durch ein Moment M_d ist:

$$\varphi = \frac{M_d}{G \cdot J_p} \tag{12}$$

In dieser Gleichung ist J_p das polare Flächenträgheitsmoment, G der Gleitmodul des Materials. Der Verdrehungswinkel φ wird gemessen als Bogen auf dem Einheitskreis. Beträgt die Entfernung der beiden Querschnitte l, so ergibt sich ein Verdrehungswinkel:

$$\psi = \varphi \cdot l = \frac{M_d}{G \cdot J_p} \cdot l \tag{13}$$

Hat weiter die Welle den Radius r, so ist die Länge des Verdrehungsbogens gemessen auf der Mantelfläche:

$$\varDelta a = \psi \cdot r = \varphi \cdot l \cdot r = \frac{M_d}{G \cdot J_p} \cdot l \cdot r \tag{14}$$

*) Unter indirekte Verfahren sind solche verstanden, die nicht von der Differentialgleichung ausgehen.

Das Drehmoment M_d können wir ersetzen durch $M_d = P \cdot r$. Damit wird:

$$\Delta a = \frac{P \cdot l \cdot r^2}{G \cdot J_p}$$

und die Verdrehung, bezogen auf die Längeneinheit:

$$\frac{\Delta a}{l} = \frac{P}{\frac{G \cdot J_p}{r^2}} \tag{15}$$

Denken wir uns auf der Welle im unbelasteten Zustand eine Mantellinie eingezeichnet, so entsteht durch Wirkung der Drehmomente eine Raumkurve, die an den Angriffsebenen der Momente Knicke aufweist. Beim Abwickeln der Zylinderfläche erhalten wir einen aus geraden Linien mit Knicken versehenen Linienzug.

An einer beliebigen Stelle i einer Welle (Abb. 5) betrage die Verdrehung gegenüber der Ruhelage a_i. Im Punkte $i+1$

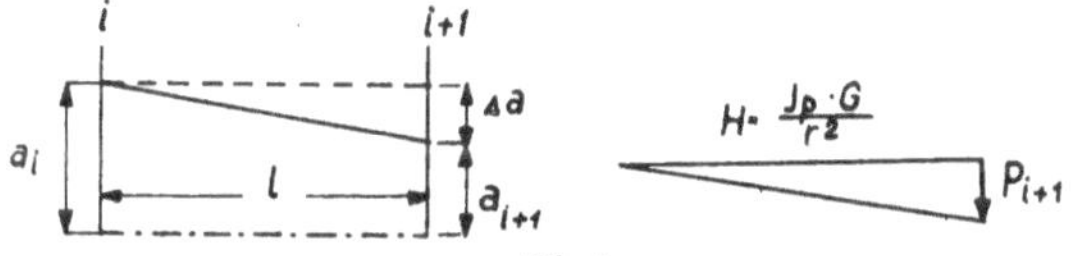

Abb. 5

wirke eine Kraft P_{i+1} am Hebelarm r. Die relative Verdrehung Δa ergibt sich aus Gl. (15):

$$\frac{\Delta a}{l} = \frac{P_{i+1}}{\frac{G \cdot J_p}{r^2}}$$

Tragen wir in einem Kräfteplan die Kraft P_{i+1} auf, so erhalten wir ein ähnliches Dreieck, wenn der Polabstand $H = \frac{G \cdot J_p}{r^2}$ und der erste Polstrahl parallel der waagerechten Nullinien verläuft. Die Verdrehungskurve ist also identisch mit der Seilkurve.

Diese Methode läßt sich auch anwenden, wenn statt der statischen Momente harmonische Momente auf das System wirken; diese erzeugen harmonische Schwingungen gleicher oder entgegengesetzter Phase, jedoch gleicher Periodenzahl. Vorausgesetzt ist dabei, daß keine Dämpfung vorhanden ist. Außer den harmonischen Kräften sind die Trägheitskräfte der Massen im Kräfteplan einzusetzen. Diese sind gegeben durch $T = m\omega^2 a$, setzen also die Kenntnis der Massenausschläge a voraus.

Wir betrachten folgenden Fall (Abb. 6). Im Punkt 1 wirke die harmonische Kraft P. Links von 1 sind keine äußeren

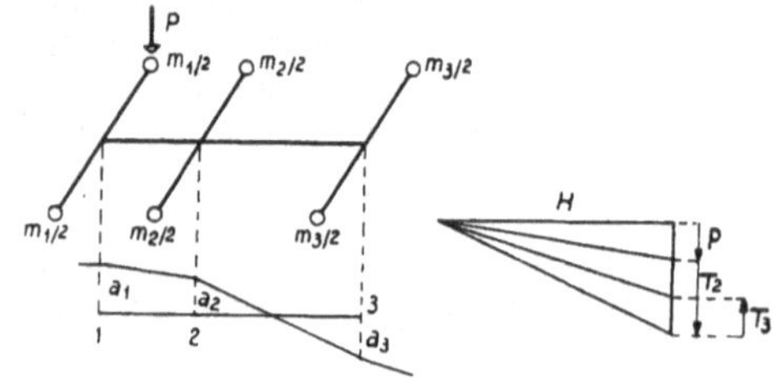

Abb. 6

Kräfte vorhanden, was sich im Seileck dadurch ausdrückt, daß die Schwingungskurve parallel der Stabachse ist. Wir tragen im Kräfteplan die Kraft P ein und wählen für eine gewählte Kreisfrequenz ω den Ausschlag der ersten Masse a_1. Wie oben gezeigt, ergibt sich hieraus, wenn man den Polabstand $H = G \cdot J_p/r^2$ wählt, der Ausschlag a_2. Damit wird die Trägheitskraft $T_2 = m\,\omega^2 a_2$, die als zweite Kraft im Plan einzutragen ist und die dann den Ausschlag a_3 liefert. Mit T_3 ergibt sich der letzte Polstrahl. Der Kräfteplan zeigt jedoch, daß kein Gleichgewicht vorhanden ist, wenn nicht im Punkt 3 noch eine äußere Kraft angebracht ist. Die Schwingungsform mit dem gewählten Ausschlag a_1 ist also nur möglich bei Vorhandensein dieser Zusatzkraft. Der Anfangsausschlag muß nun so lange verändert werden, bis die Zusatzkraft zu Null wird.

Geiger [12] zeigt nun, daß es genügt, zwei Schwingungsbilder aufzuzeichnen, um die eindeutig bestimmte Schwingungsform für eine beliebige Kreisfrequenz zu finden (Abb. 7).

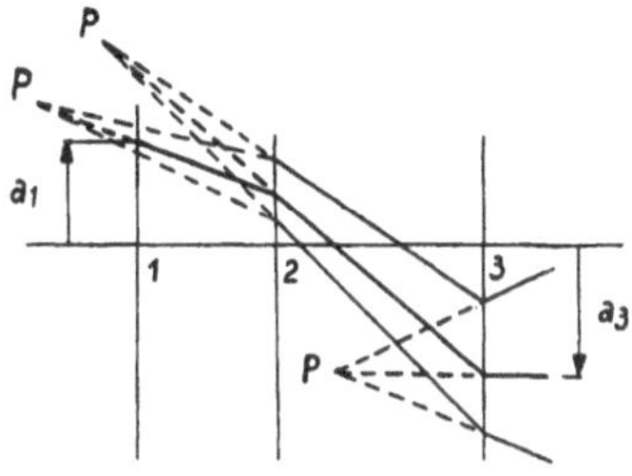

Abb. 7

Es schneiden sich je zwei zugeordnete Seilstrahlen in einem Punkt P, durch den auch der dritte hindurchgehen muß. Aus der weiteren Bedingung, daß der letzte Seilstrahl parallel der Achse werden muß, ergibt sich rückwärts die Schwingungsform mit dem zugeordneten Anfangsausschlag a_1.

Eine der wichtigsten Aufgaben ist die Bestimmung der Eigenfrequenzen. Äußere Kräfte wirken nicht ein. Bei der freien Schwingung stehen dann alle Momente im Gleichgewicht, und da alles auf den gleichen Hebelarm reduziert ist, sind auch alle Kräfte im Gleichgewicht.

Zur Bestimmung der Eigenfrequenzen wählen wir einen beliebigen Anfangsausschlag a_1. Für eine bestimmte Kreisfrequenz ω ergibt sich die Trägheitskraft T_1, die im Kräfteplan einzutragen ist. Wir erhalten a_2 und hieraus T_2, mit dieser wieder a_3 usw. Um die Schwingungsform bei dem gewählten a_1 möglich zu machen, ist eine Zusatzkraft R erforderlich.

Mit dem gleichen Anfangsausschlag a_1 werden die Schwingungsformen für verschiedene ω aufgezeichnet; für jedes ω erhalten wir eine bestimmte Restkraft R. Trägt man die Restkräfte R als Funktion von ω auf, so ergeben die Schnittpunkte der R-Kurve mit der Abszissenachse die Eigenschwingungszahlen des Systems. Dieses an sich klare Verfahren hat den Nachteil, daß bei erheblichen Unterschieden der m- und l-Werte Maßstabsänderungen nicht zu umgehen sind.

Aus diesem graphischen Verfahren hat der Verfasser bereits 1917*) das folgende rechnerische Rechenschema entwickelt.

Mit der Abkürzung:

$$l_{i,\,i+1}^* = \frac{l_{i,\,i+1}}{H} = \frac{l_{i,\,i+1}}{\frac{G \cdot J_p}{r^2}}$$

*) Zeitlich nach Tolle.

worin auch J_p konstant ist, da die Anlage zuvor auf eine Welle mit konstantem d umgerechnet wurde, erhält man:

$$
\begin{array}{l|rl}
 & & a_1 \\
-a_1 m_1 \cdot \omega^2 = T_1 & T_1 \cdot l_{12}^* = & -\Delta a_1 \\
\hline
 & & a_1 - \Delta a_1 = a_2 \\
-a_2 m_2 \cdot \omega^2 = T_2 & T_2 \cdot l_{23}^* = & -\Delta a_2 \\
\hline
 & & a_2 - \Delta a_2 = a_3 \\
-a_3 m_2 \cdot \omega^2 = T_3 & T_3 \cdot l_{34}^* = & -\Delta a_3 \\
\hline
 & & a_3 - \Delta a_3 = a_4 \\
\end{array}
$$

usw. bis T_n und a_n. usw.

Dann ist: $R = \sum_{i=1}^{i=n} T_i$ die Restkraft, die angebracht werden muß, damit bei dem gewählten ω die Schwingung mit den berechneten Ausschlägen möglich ist.

Das von Tolle [31] im ersten Weltkrieg angegebene Rechenschema wird in 22 behandelt. Weitere, ähnliche Berechnungsverfahren sind angegeben von Holzer [16] und Kraemer [19].

22 Verfahren Tolle*)

221 Eigenfrequenzen

Wir betrachten aus einem Wellensystem mit n Schwungscheiben die i-te Scheibe (Abb. 8).

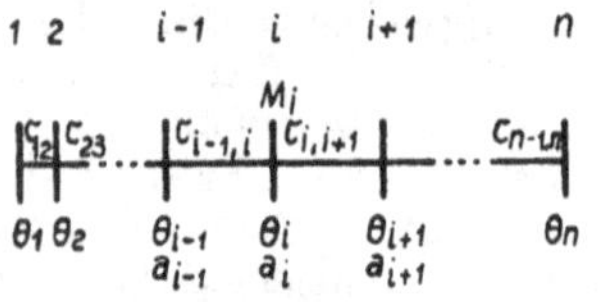

Abb. 8

Auf diese Scheibe sollen wirken:

1. M_i, das äußere, erregende Moment,
2. $\theta_i \omega^2 a_i$, das Moment der Trägheitskraft der schwingenden Masse,
3. $e_{i-1,\,i}$ das elastische Moment des links anstoßenden Wellenstückes,
4. $e_{i,\,i+1}$ das elastische Moment des rechts anstoßenden Wellenstückes, das mit negativem Zeichen einzusetzen ist,

*) Es ist zweckmäßig beim Studium der folgenden Verfahren gleich die Beispiele zur Hand zu nehmen; s. a. I 3216.

da die Momente an beiden Enden des Wellenstückes gleich groß, aber entgegengesetzt gerichtet sind,

5. $c_{i,\ i+1}$ die elastische Konstante der Welle.

Die dynamische Grundgleichung für die i-te Scheibe lautet dann:

$$e_{i,\ i+1} - e_{i-1,\ i} + \theta_i \omega^2 a_i + M_i = 0 \tag{16}$$

Das maximale elastische Moment erhalten wir aus den Wellenkonstanten und den relativen Ausschlägen zweier Massen. Damit erhalten wir die elastische Grundgleichung in der Form:

$$e_{i,\ i+1} = (a_{i+1} - a_i)\, c_{i,\ i+1} \tag{17}$$

Hierbei ist vorausgesetzt, daß die positive Richtung der äußeren Momente mit dem positiven Ausschlag übereinstimmt.

Die beiden gewonnenen Grundgleichungen formen wir, wie folgt, um:

$$e_{i,\ i+1} = e_{i-1,\ i} - \theta_i \omega^2 a_i - M_i \tag{18}$$

$$a_{i+1} = a_i + \frac{e_{i,\ i+1}}{c_{i\ \ i+1}} \tag{19}$$

Aus diesen Gleichungen folgt:

„Jede Amplitude a und jedes elastische Moment e läßt sich mit jeder anderen Amplitude und jedem elastischen Moment linear ausdrücken."

Zur Durchführung des Verfahrens für ein bestimmtes ω gehen wir von einem gewählten Anfangsausschlag a'_i aus.

Nach Gl. (18) erhalten wir, da $e'_{01} = 0$ ist,

$$e'_{12} = -\theta_1 \omega^2 a'_1 - M_1$$

$$a'_2 = a'_1 + \frac{e'_{12}}{c_{12}}$$

Mit a'_2 wieder:

$$e'_2 = -\theta_2 \omega^2 a'_2 - M_2$$

und

$$a'_3 = a'_2 + \frac{e'_{23}}{c_{23}}$$

Schließlich:

$$e'_{n,\ n+1} = R' \tag{20}$$

Bei richtiger Wahl von a'_1 würde $R' = 0$ werden für die angenommene Kreisfrequenz.

Wir führen die Rechnung nochmals durch mit einem Anfangsausschlag von a''_1 und erhalten R''.

Es läßt sich nun zeigen, daß der wirkliche Ausschlag sich ergibt aus:

$$a_1 = \frac{R''}{R'' - R'} a'_1 - \frac{R'}{R'' - R'} a''_1 \tag{21}$$

Allgemein gilt für jede Amplitude und jedes elastische Moment:

$$a_k = \frac{R''}{R'' - R'} \cdot a'_k - \frac{R'}{R'' - R'} \cdot a''_k \tag{22}$$

$$e_k = \frac{R''}{R'' - R'} \cdot e'_k - \frac{R'}{R'' - R'} \cdot e''_k \tag{23}$$

Dies ist die analytische Form für die von Geiger gefundene und auf S. 12 angegebene graphische Lösung.

Für die weiteren Betrachtungen setzen wir die äußeren Momente M_1, M_2 usw. gleich Null und erhalten:

$$e_{i,\,i+1} = e_{i-1,\,i} - \theta_i \omega^2 a_i, \tag{24}$$

$$a_{i+1} = a_i + \frac{e_{i,\,i+1}}{c_{i,\,i+1}} \tag{25}$$

Für einen gewählten Anfangsausschlag a_1 ergibt die Durchführung für ein bestimmtes ω ein Restmoment $e_{n,\,n+1} = R$. Wir führen, wie beim oben beschriebenen graphischen Verfahren, für verschiedene ω das Verfahren mit gleichem Anfangsausschlag a_i durch und erhalten für jedes ω ein bestimmtes Restmoment R. Diese Restmomente als Funktion von ω als Kurve aufgetragen, liefert die n—1 Eigenfrequenzen der n Scheiben.

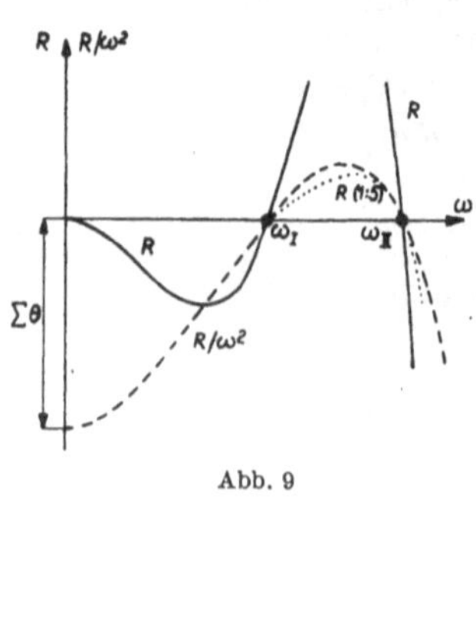

Abb. 9

Um beim Auftragen der Kurve Maßstabsänderungen möglichst zu vermeiden, empfiehlt Tolle, statt R die Werte R/ω^2 als Funktion von ω aufzutragen (Abb. 9). In

52, Abb. 38, ist der Versuch unternommen, $lg\ (R/\omega^2)$ als Funktion von ω aufzutragen.

Bis hierher bedeutet das beschriebene Verfahren gegenüber dem graphischen nur insofern einen Fortschritt, als die rechnerische Durchführung bequemer ist.

Würde wegen Resonanzerscheinungen eine Verlegung der Eigenfrequenzen notwendig werden, so müßte das ganze Verfahren mit einem abgeänderten θ oder c durchgeführt werden.

Tolle zeigt nun, daß dies nicht notwendig ist, sondern daß die Veränderung des Restmomentes durch eine Änderung des Massenträgheitsmomentes oder einer Wellenkonstanten aus den durchgeführten Rechnungen ohne weiteres möglich ist.

Zunächst führt Tolle die ganze Rechnung für ein bestimmtes ω von rückwärts nochmals durch, d. h. mit einem Ausschlag (a_n) der Scheibe n beginnend. Für diese Rückwärtsrechnung lauten unsere Hauptgleichungen:

$$(e_{i-1,\ i}) = (e_{i,\ i+1}) - \theta_i \omega^2 (a_i) \tag{26}$$

$$(a_i) = (a_{i+1}) + \frac{(e_{i,\ i+1})}{c_{i,\ i+1}} \tag{27}$$

Dabei soll die Klammer andeuten, daß es sich um die Rückwärtsrechnung handelt. Bei der Rückwärtsrechnung wird $(e_{n,\ n+1}) = 0$ und $(e_{01}) = (R)$. Zweckmäßig beginnt man nun mit dem Anfangsausschlag $a_1 = 1$ und $(a_n) = 1$.

Für die praktische Durchführung gibt Tolle das auf S. 20 stehende Rechenschema an. Im später behandelten Beispiel (52, S. 64) ist dieses getrennt für die Vor- und Rückwärtsrechnung.

Die Durchrechnung gestaltet sich danach wie folgt.

Nach den Grundgleichungen ist für die Vorwärtsrechnung:

$$e_{12} = e_{01} - \theta_1 \omega^2 \cdot a_1$$

oder, da $e_{01} = 0$ ist und $a_1 = 1$ gewählt wird:

$$e_{12} = 0 - \theta_1 \omega^2 = - \theta_1 \omega^2$$

Wir addieren also $- \theta_1 \omega^2$ zu 0 und erhalten e_{12}.

$\omega = \ldots\ldots$ $\omega^2 = \ldots\ldots$

(e_{01})	**(R)**	**0,000**		***a***		***(a)***
$-\Theta_1\omega^2\cdot(a_1)$		$-\Theta_1\omega^2\cdot a_1$	$= \leftarrow \quad -\Theta_1\omega^2\cdot$	$a_1 = +\mathbf{1{,}000}$	**1**	(a_1)
(e_{12})	**1,2**	e_{12}	$: c_{12} \rightarrow \quad =$	$e_{12} : c_{12}$		$(e_{12}) : c_{12}$
$-\Theta_2\omega^2\cdot(a_2)$		$-\Theta_2\omega^2\cdot a_2$	$= \leftarrow \quad -\Theta_2\omega^2\cdot$	a_2	**2**	(a_2)
(e_{23})	**2,3**	e_{23}	$: c_{23} \rightarrow \quad =$	$e_{23} : c_{23}$		
		$-\Theta_3\omega^2\cdot a_3$	$-\Theta_3\omega^2\cdot$	a_3	**3**	
(↑)	**3,4**	e_{34} ↓	$: c_{34} \rightarrow \quad =$	$e_{34} : c_{34}$ ↓		(↑)
			$-\Theta_{n-1}\omega^2\cdot$	a_{n-1}	***n*—1**	
$e_{n-1,\,n}$	***n*—1; *n***	$e_{n-1,\,n}$	$: c_{n-1,\,n} \rightarrow \quad =$	$e_{n-1} : c_{n-1}$		$(e_{n-1,\,n}) : c_{n-1,\,n}$
$-\Theta_n\omega^2(a_n)$		$-\Theta_n\omega^2\cdot a_n$	$= \leftarrow \quad -\Theta_n\omega^2\cdot$	a_n	***n***	$(a_n) = +\mathbf{1{,}000}$
	R	$e_{n,\,n+1}$	$\frac{R}{\omega^2} = \ldots\ldots$			

Rechenschema Tolle für Vor- und Rückwärtsrechnung

Ferner wird:

$$a_2 = a_1 + \frac{e_{12}}{c_{12}}$$

bzw. mit $a_1 = 1$:

$$a_2 = 1 + \frac{e_{12}}{c_{12}}$$

Den Wert e_{12} dividieren wir durch c_{12}, tragen in das Schema $e_{12}:c_{12}$ ein und addieren den Wert des Quotienten zu $a_1 = 1{,}000$, um a_2 zu erhalten. Dann wird a_2 mit $-\,\theta_2\omega^2$ multipliziert und das Produkt $-\,\theta_2\omega^2 a_2$ zu e_{12} addiert, um e_{23} zu erhalten usw., bis wir zum Schluß $e_{n,\,n+1} = R$ erhalten. In der gleichen Weise wird die Rückwärtsrechnung mit $(a_n) = 1{,}000$ durchgeführt, die $(e_{01}) = (R)$ liefert.

Für eine Anzahl beliebiger ω ist das Schema in der angegebenen Weise durchzuführen.

Es bleibt nun noch zu zeigen, daß $R = (R)$ ist.

Wir gehen von den Gleichungen

$$e_{i,\,i+1} = e_{i-1,\,i} - \theta_i\omega^2 a_i$$
$$(e_{i+1}) = (e_{i,\,i+1}) - \theta_i\omega^2 (a_i)$$

aus, eliminieren $\theta_i \cdot \omega^2$ und erhalten:

$$e_{i,\,i+1}\cdot(a_i) + (e_{i,\,i+1})\cdot a_i = e_{i-1,\,i}\cdot(a_i) + e_{i,\,i-1})\cdot a_i$$

Ferner ergibt sich aus den Gleichungen:

$$a_{i+1} = a_i + \frac{e_{i,\,i+1}}{c_{i,\,i+1}}$$

und

$$(a_i) = (a_{i+1}) + \frac{(e_{i,\,i+1})}{c_{i,\,i+1}}$$

nach Elimination von $c_{i,\,i+1}$:

$$e_{i,\,i+1}\cdot(a_{i+1}) + (e_{i,\,i+1})\cdot a_{i+1} = e_{i,\,i+1}\cdot(a_i) + (e_{i,\,i+1})\cdot a_i$$

und schließlich:

$$\begin{aligned} e_{i-1,\,i}\cdot(a_i) + (e_{i-1,\,i})\cdot a_i &= e_{i,\,i+1}\cdot(a_i) + (e_{i,\,i+1})\cdot a_i \\ &= e_{i,\,i+1}\cdot(a_{i+1}) + (e_{i,\,i+1})\cdot a_{i+1} \\ &= e_i\cdot(a_i) + (e_i)\cdot a_i \\ &= \text{konstant} = C, \end{aligned} \tag{28}$$

wobei wir C die Hauptkonstante des Systems nennen.

Aus der Vorwärtsrechnung mit a_1 ergibt sich:

$$C = e_{01}\cdot(a_i) + (e_{01})\cdot a_1 = (R)\cdot a_1,$$

da

$$e_{01} = 0 \text{ ist.}$$

Für die Rückwärtsrechnung mit (a_n) wird:

$$C = e_{n,\,n+1}\cdot(a_n) + (e_{n,\,n+1})\cdot a_n = R\cdot(a_n),$$

da

$$(c_{n,\,n+1}) = 0 \text{ ist.}$$

Damit wird die Hauptkonstante:

$$C = (R)\cdot a_1 = R\cdot(a_n) \qquad (29)$$

und

$$C = (R) = R, \qquad (30)$$

wenn wir als Anfangsausschlag a_1 und (a_n) den Wert 1 wählen; d. h. Vor- und Rückwärtsrechnung ergeben dasselbe Restmoment für den Anfangsausschlag 1.

Wir erhalten durch die Rechnungsart von beiden Enden ausgehend eine Kontrolle unserer Rechnung. Um diese zu erhalten, wäre die doppelte Arbeit jedoch nicht notwendig, da sich Fehler in der Regel auch beim Aufzeichnen der R- oder R/ω^2-Kurve feststellen ließen. Den Hauptvorteil der Vor- und Rückwärtsrechnung werden wir weiter unten sehen.

222 Reständerungsformeln

Bei den bisher behandelten Verfahren mußte die Rechnung mehr oder weniger neu durchgeführt werden, um das Restmoment zu bestimmen, wenn irgendeine Scheibe oder ein Wellenstück geändert wurde. Tolle zeigt nun, daß die Änderung des Restmomentes mit Hilfe der Vor- und Rückwärtsrechnung in einfacher Weise möglich ist.

Das Massenträgheitsmoment θ_i soll um ϑ_i erhöht werden.

Wie groß ist dann R'?

Aus Gl. (28) folgt:

$$R = e_{i,\,i+1}\cdot(a_i) + (e_{i,\,i+1})\cdot a_i$$

In dieser Gleichung ändert sich nur $e_{i,\,i+1}$ in $e'_{i,\,i+1}$. Die Weiterrechnung ergibt nach Gl. 24:

$$e'_{i,\,i+1} = e_{i-1,\,i} - (\theta_i + \vartheta_i)\omega^2 a_i$$

Setzt man diesen Wert in die obige Gleichung ein, so erhält man:

$$R' = [e_{i-1,\,i} - (\theta_i + \vartheta_i)\omega^2 a_i]\,(a_i) + (e_{i,\,i+1}) a_i$$

Der frühere Rest war:

$$R = [e_{i,\,i-1,\,i} - \theta_i \omega^2 a_i]\,(a_i) + (e_{i,\,i+1}) \cdot a_i$$

Hieraus ergibt sich die Reständerung zu:

$$R' - R = \varrho = -\vartheta_i \omega^2 \cdot a_i \cdot (a_i) \qquad (31)$$

Aus den Berechnungstafeln sind also für die entsprechenden ω- die a_i- und (a_i)-Werte herauszunehmen und deren Produkt mit $\vartheta_i \omega^2$ zu multiplizieren. Die neue R'-Kurve ergibt sich dann aus:

$$R' = R + \varrho \text{ bzw. } R'/\omega^2 = R/\omega^2 + \varrho/\omega^2 \qquad (32)$$

Die Addition beider Kurven zeigt Abb. 10.

Wir können weiter fragen: um welchen Betrag muß θ_i verändert werden, damit ein bestimmtes ω zur Eigenfrequenz wird?

In diesem Falle muß $R' = 0$ werden. Aus

$$R' = R + \varrho = 0$$

folgt:

$$R = -\varrho = +\vartheta_i \omega^2 a_i\,(a_i)$$

oder

$$\vartheta_i = \frac{R}{\omega^2} \cdot \frac{1}{a_i\,(a_i)} \qquad (33)$$

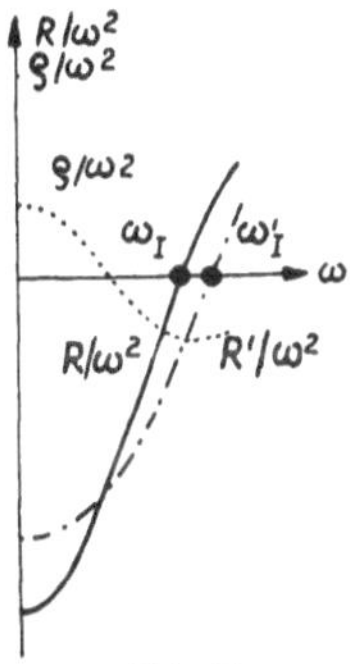

Abb. 10

In ähnlicher Weise findet man die Reständerung, wenn $c_{i,\,i+1}$ in $c'_{i,\,i+1}$ geändert wird. Wird zur Abkürzung

$$\frac{1}{c'_{i,\,i+1}} - \frac{1}{c_{i,\,i+1}} = \gamma \qquad (34)$$

gesetzt, so erhält man:

$$\varrho = R' - R = \gamma \cdot e_{i,\,i+1} \cdot (e_{i,\,i+1}) \qquad (35)$$

Auch hier kann die Frage gestellt werden: für welchen Wert von γ wird ω zur Eigenfrequenz? Das Ergebnis der Ableitung ist:

$$\gamma = -\frac{R}{e_{i,\,i+1} \cdot (e_{i,\,i+1})} \tag{36}$$

Für die gleichzeitige Änderung zweier Größen gibt Tolle folgende Formeln an:

Wenn sich θ_i um $+\vartheta_i$, θ_k um $+\vartheta_k$ ändert ($k > 1$), wird die Reständerung:

$$\varrho_{i,k} = \varrho_i + \varrho_k + \varrho_i \varrho_k \left[1 - \frac{a_i}{(a_i)} \cdot \frac{(a_k)}{a_k}\right] \tag{37}$$

worin:

$$\varrho_i = -\vartheta_i \omega^2 a_i (a_i),$$

und

$$\varrho_k = -\vartheta_k \omega^2 a_k (a_k)$$

ist.

Ändert sich θ_i um ϑ_i und $c_{k,\,k+1}$ in $c'_{k,\,k+1}$, so erhält man:

$$\varrho_{i,\,k} = \varrho_i + \varrho_k + \varrho_{ik} \left[1 + \frac{a_i}{(a_i)} \cdot \frac{(e_{k,\,k+1})}{e_{k,\,k+1}}\right] \tag{38}$$

Bei Änderung von $c_{i,\,i+1}$ in $c'_{i,\,i+1}$ und θ_k um ϑ_k, wird:

$$\varrho_{i,\,k} = \varrho_i + \varrho_k + \varrho_i \varrho_k \left[1 + \frac{e_{i,\,i+1}}{(e_{i,\,i+1})} \cdot \frac{(a_k)}{a_k}\right] \tag{39}$$

Schließlich ergibt sich die Reständerung:

$$\varrho_{i,\,k} = \varrho_i + \varrho_k + \varrho_i \varrho_k \left[1 - \frac{e_{i,\,i+1}}{(e_{i,\,i+1})} \cdot \frac{(e_{k,\,k+1})}{e_{k,\,k+1}}\right] \tag{40}$$

für eine Änderung von $c_{i,\,i+1}$ in $c'_{i,\,i+1}$ und $c_{k,\,k+1}$ in $c'_{k,\,k+1}$.

Für weitere Berechnungen benötigen wir noch die a- und e-Werte. Auch für diese gibt Tolle Änderungsformeln an, so daß eine Neuberechnung nicht notwendig wird.

1) θ_i wird um ϑ_i erhöht:

$$a'_k = \frac{R'}{R} a_k + \frac{\vartheta_i \omega^2 a_i^2}{R} (a_k) \tag{41}$$

$$e'_{k,\,k+1} = \frac{R'}{R} e_{k,\,k+1} - \frac{\delta_i \omega^2 a_i^2}{R} (e_{k,\,k+1}) \tag{42}$$

Diese Formeln gelten für die Vorwärtsrechnung für die Stellen rechts von i, also $k > i$. Für die Rückwärtsrechnung erhält man analog:

$$(a_k)' = \frac{R'}{R} (a_k) + \frac{\vartheta_i \omega^2 (a_i)^2}{R} \cdot a_k \tag{43}$$

$$(e_{k,\,k+1})' = \frac{R'}{R}(e_{k,\,k+1}) - \frac{\vartheta_i \omega^2 (a_i)^2}{R} \cdot e_{k,\,k+1} \qquad (44)$$

2) $c_{i,\,i+1}$ in $c'_{i,\,i+1}$ geändert:
für Vorwärtsrechnung über $i, i+1$ hinaus:

$$(a_k)' = \frac{R'}{R}(a_k) + \frac{\gamma \cdot (e_{i,\,i+1})^2}{R} \cdot a_k \qquad (45)$$

$$(e_{k,\,k+1})' = \frac{R'}{R}(e_{k,\,k+1}) - \frac{\gamma \cdot (e_{i,\,i+1})^2}{R} e_{k,\,k+1} \qquad (46)$$

für Rückwärtsrechnung über $i, i-1$ hinaus:

$$(a_k)' = \frac{R'}{R}(a_k) + \frac{\gamma \cdot (e_{i,\,i+1})^2}{R} a_k \qquad (47)$$

$$(e_{k,\,k+1})' = \frac{R'}{R}(e_{k,\,k+1}) - \frac{\gamma \cdot (e_{i,\,i+1})^2}{R} e_{k,\,k+1} \qquad (48)$$

223 Nullstelle

Für irgendeine Stelle k soll für ein bestimmtes ω der Ausschlag zu Null werden, die Stelle also schwingungsfrei sein. Aus Gl. (41) folgt für $a'_k = 0$:

$$\frac{R'}{R} a_k + \frac{\vartheta_i \omega^2 a_i^2}{R} \cdot (a_k) = 0$$

und hieraus:

$$\vartheta_i = \frac{R}{\omega^2} \cdot \frac{a_k}{[(a_i) \cdot a_k - a_i \cdot (a_k)]\, a_i} \text{ für } (k > i) \qquad (49)$$

ferner:

$$\vartheta_i = \frac{R}{\omega^2} \frac{(a_k)}{\cdot [a_i \cdot (a_k) - (a_i) \cdot a_k]\,(a_i)} (a_i) \text{ für } (k < i) \qquad (50)$$

Weiter erhalten wir eine Nullstelle in k durch Änderung von $c_{k,\,k+1}$:

$$\gamma = -R \cdot \frac{a_k}{[e_{i,\,i+1} \cdot (a_k) + (e_{i,\,i+1}) \cdot a_k] \cdot e_{i,\,i+1}} \qquad (51)$$

224 Winkelamplituden

Das Tollesche Verfahren gestattet weiter die Berechnung der Winkelamplituden und der elastischen Momente unter Einwirkung von erregenden äußeren Momenten.

Die Ableitung würde in Anbetracht des zur Verfügung stehenden Raumes zu weit führen, es muß auf die Originalarbeit verwiesen werden. Da die Ergebnisse jedoch sehr wertvoll sind, seien sie angeführt. In den folgenden Formeln bedeuten:

M_k: das in k wirkende erregende Moment,

$A_{i,k}$: die wirkende Amplitude in i unter Einwirkung des Momentes M_k in k,

$E_{i,\,i+1;\,k}$: das elastische Moment in i, hervorgerufen durch M_k.

Damit ergeben sich folgende Formeln:

$$A_{k,\,k} = M_k \cdot \frac{a_k \cdot (a_k)}{R} \tag{52}$$

$$A_{i,\,k} = M_k \cdot \frac{a_i \cdot (a_k)}{R}, \text{ wenn } i < k \tag{53}$$

$$A_{i,\,k} = M_k \cdot \frac{a_k \cdot (a_i)}{R}, \text{ wenn } i > k \tag{54}$$

$$A_{i,\,k} = A_{k,\,i} \text{ (Vertauschungssatz)*)} \tag{55}$$

$$E_{i-1,\,i;\,k} = M_k \cdot \frac{e_{i-1,\,i} \cdot (a_k)}{R}, \text{ wenn i} < k \tag{56}$$

$$E_{i-1,\,i;\,k} = M_k \cdot \frac{(e_{i-1,\,i}) \cdot a_k}{R}, \text{ wenn i} > k \tag{57}$$

Liegen die a- und (a)-Kurven für ein beliebiges ω vor, so ist nur notwendig, A_{kk} zu berechnen. Die A-Kurve ist affin zur a- bzw. (a)-Kurve, wie aus Abb. 11 klar hervorgeht.

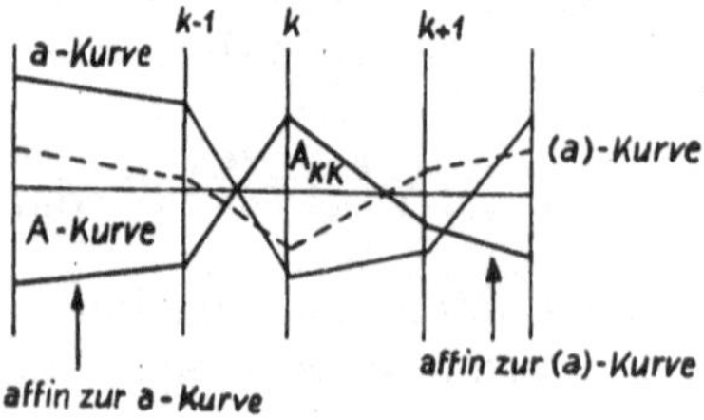

Abb. 11

*) Vgl. Maxwellschen Vertauschungssatz für Formänderungen.

Diese Formeln genügen nicht, um die Winkelamplitude zu berechnen, wenn die erregenden Momente von Mehrzylindermaschinen herrühren. In diesem Falle sind die Momente nicht mehr phasengleich. Die Phase ergibt sich aus den Versatzwinkeln der Kurbeln, außerdem aus der Zündfolge der Verbrennungsmaschinen.

Wir haben im Verlauf der Abhandlung gesehen, daß harmonisch sich ändernde Größen sich am einfachsten als Projektion einer gleichförmig mit der Winkelfrequenz ω rotierenden Drehstrecke auffassen lassen. Bekommt eine Stelle i durch die Momente $\mathfrak{M}_1$, $\mathfrak{M}_2$ ... die durch Größe und Richtung gegeben sind (Vektoren) die Ausschläge $\mathfrak{A}_{i,1}$; $\mathfrak{A}_{i2}$ ..., so wird die resultierende Schwingung ebenfalls eine harmonische Schwingung mit der resultierenden Amplitude:

$$\mathfrak{A}_i = \mathfrak{A}_{i1} + \mathfrak{A}_{i2} + \mathfrak{A}_{i3} + \dots \quad (58)$$

Die Addition ist vektoriell auszuführen.

Wirken die erregenden Momente $\mathfrak{M}_k$; $\mathfrak{M}_l$; $\mathfrak{M}_m$ ... in den Punkten k; l; m ..., so wird die jeweilige Amplitude in i, wobei $i < k$; l; m ... ist:

$$\mathfrak{A}_{i,k} = \mathfrak{M}_k \cdot \frac{a_i \cdot (a_k)}{R} \quad (59)$$

$$\mathfrak{A}_{i,l} = \mathfrak{M}_l \cdot \frac{a_i \cdot (a_l)}{R} \quad (60)$$

$$\mathfrak{A}_{i,m} = \mathfrak{M}_m \cdot \frac{a_i \cdot (a_m)}{R} \quad (61)$$

und die Gesamtwinkelamplitude wird:

$$\mathfrak{A}_i = \frac{a_i}{R} [\mathfrak{M}_k \cdot (a_k) + \mathfrak{M}_l \cdot (a_l) + \mathfrak{M}_m \cdot (a_m) + \dots] \quad (62)$$

für $i < k$; l; m...

und

$$\mathfrak{A}_i = \frac{a_i}{R} [\mathfrak{M}_k \cdot a_k + \mathfrak{M}_l \cdot a_l + \mathfrak{M}_m \cdot a_m + \dots] \quad (63)$$

für $i > k$; l; m...

In ähnlicher Weise erhält man:

$$\mathfrak{E}_{i-1,i} - \frac{e_{i-1,i}}{R} [\mathfrak{M}_k \cdot (a_k) + \mathfrak{M}_l \cdot (a_l) + \mathfrak{M}_m \cdot (a_m) + \dots] \quad (64)$$

für $i < k$; l; m...

$$\mathfrak{E}_{i-1,\,i} = \frac{(e_{i-1,\,i})}{R}\left[\mathfrak{M}_k \cdot a_k + \mathfrak{M}_l \cdot a_l + \mathfrak{M}_m \cdot a_m + \ldots\right] \quad (65)$$

$$\text{für } i > k;\ l;\ m \ldots$$

Aus diesen Formeln ist ersichtlich, daß es nicht möglich ist, die Momente einfach vektoriell zu addieren und mit dem resultierenden Moment zu rechnen.

23 Verfahren Grammel

Wie Abb. 12 zeigt, werden die Drehmassen von 0 statt 1 numeriert; für ein z. B. aus 8 Scheiben bestehendes Schwingungssystem ist $n = 7$. Der Wert n gibt die zwischen den

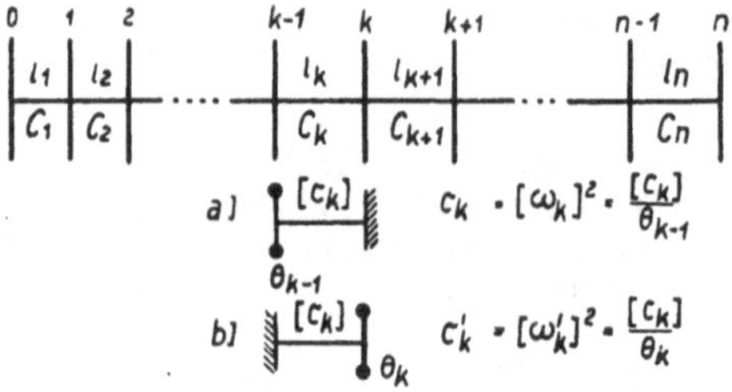

Abb. 12

Massen befindlichen Wellenstücke der Länge l an und ferner die Anzahl der Eigenfrequenzen. Mit C bezeichnet Grammel [4; 14] die Torsionssteifigkeit des Einheitswellenstückes $l = 1$*); damit wird $[c] = C/l$. Ist das System auf eine Welle mit konstantem J zurückgeführt, so ist $C_1 = C_2 = \ldots. = C =$ konstant.

Die Schwingungsgleichung**) des Ersatzsystems lautet für den Fall, daß keine äußere Momente wirken für die k-te Scheibe, wenn ϑ die Verdrehungswinkel sind:

$$\theta_k \cdot \ddot{\vartheta}_k - \frac{C_k}{l_k}(\vartheta_{k-1} - \vartheta_k) + \frac{C_{k+1}}{l_{k+1}}(\vartheta_k - \vartheta_{k+1}) = 0 \quad (66)$$

$$(k = 0,\ 1,\ 2 \ldots n)$$

*) Die Bezeichnungen der Originalarbeit sind beibehalten; sie weichen von den in den beiden Bändchen benutzten ab. Um dem Leser die Zusammenhänge besser erkennen zu lassen, sind letztere Bezeichnungen in eine eckige Klammer [...] gesetzt.

**) Auf die umfangreichen Ableitungen muß verzichtet werden zugunsten der praktischen Anwendung des Verfahrens; sie werden nur angedeutet.

Von den Schwingungen herrührend, wirken die Torsionsmomente:

$$M_k = \frac{C_k}{l_k}(\vartheta_{k-1} - \vartheta_k) \tag{67}$$

wo $M_0 = 0$ und $M_{n+1} = 0$ ist.

ϑ_k und M_k sind Funktionen der Zeit:

$$\vartheta_k = u_k \cos 2\pi\alpha t;\ M_k = x_k \cos 2\pi\alpha t \tag{68}$$

worin α die unbekannte Frequenz (Hertz) ist;
$2\pi\alpha = 2\pi\,[f] \doteq \omega$, die Kreisfrequenz.

Mit den Abkürzungen

$$z = (2\pi\alpha)^2 = \omega^2, \tag{69}$$

$$c_k = \frac{C_k}{l_k \cdot \theta_{k-1}} \text{ und } c'_k = \frac{C_k}{l_k \cdot \theta_k} \tag{70}$$

erhält man nach eliminieren von u:

$$c'_k \cdot x_{k+1} = (c_k + c'_k - z)\, x_k - c_k \cdot x_{k-1}$$

Für $k = n$ wird, da $x_0 = 0$ und $x_{n+1} = 0$ sein muß:

$$(c_n + c'_n - z)\, x_n - c_n \cdot x_{n-1} = 0 \tag{71}$$

sein; hieraus ergeben sich die Eigenwerte z_i und die Eigenfrequenzen

$$\alpha_i = \frac{1}{2\pi}\sqrt{z_i} \tag{72}$$

bzw., da $2\pi\alpha = \omega$ ist:

$$\omega_i = \sqrt{z_i} \tag{73}$$

Aus der Abkürzung

$$c_k = \frac{C_k}{l_k \cdot \theta_{k-1}} = \frac{C_k/l_k}{\theta_{k-1}} = \frac{[c_k]}{\theta_{k-1}} = [\omega_k^2] \tag{74}$$

erkennt man, daß c_k nichts anderes ist, als das Quadrat der Kreiseigenfrequenz eines in $k+1$ eingespannten Systems mit der Scheibe θ_{k-1}; c'_k der entsprechende Wert für die Scheibe θ_k, wie aus Abb. 12 *a* und *b* zu erkennen ist.

Zur Umgehung der unbequemen direkten Lösung führt Grammel für x_k-Funktionen f_k von z ein:

$$x_{k+1} = (-1)^k \cdot \frac{x_1}{c_1' \cdot c_2' \ldots c'_{k-2} \cdot c'_{k-1} \cdot c'_k} f_k(z) \tag{75}$$

$$(k = 0, 1, 2 \ldots n)$$

und erhält, da $x_1/(c'_1 \cdot c'_2 \ldots c'_{k-2})$ weggekürzt werden kann, die das ganze Verfahren beherrschende Rekursionsformel, die für alle z gilt:

$$f_k(z) = (z - c_k - c'_k) \cdot f_{k-1}(z) - c_k \cdot c'_{k-1} \cdot f_{k-2}(z) \quad (76)$$
$$(k = 1, 2, \ldots n)$$

wobei $f_{-1} = 0$ und $f_0 = 1$ zu setzen ist. Für $k = n$ muß $f_n(z) = 0$ werden.

Dies ist die Frequenzgleichung für ein System mit $(n+1)$ Drehmassen θ_0 bis θ_n; $f_k(z)$ nennt Grammel die Frequenzfunktion.

Die Systemgrößen c_k, l_k und θ_k sind in ihr nicht enthalten.

Grammel bringt wegen der Wichtigkeit dieser Rekursionsformel, die bei Anwendung auf eine Maschine mit homogener Maschine (32, S. 36) besonders zu erkennen ist, eine zweite Ableitung. Bei der n-ten Eigenfrequenz schwingen alle Scheiben gegeneinander; auf jedem Wellenstück befindet sich ein reeller Knotenpunkt, dessen Lage noch unbekannt ist.

Wie Abb. 13 zeigt, führt Grammel das System auf Einzelsysteme zurück, die man sich im Knotenpunkt eingespannt

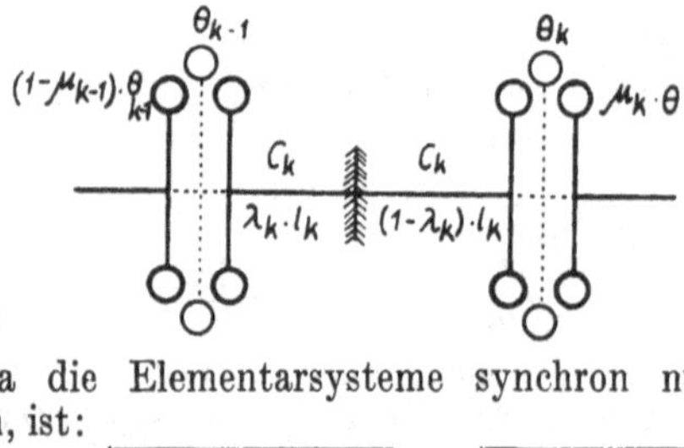

Abb. 13

denkt. Da die Elementarsysteme synchron miteinander schwingen, ist:

$$\alpha \cdot 2\pi = \omega = \sqrt{\frac{c_k}{\lambda_k \cdot l_k \cdot \mu_{k+k1}\,\theta_{k-1}}} = \sqrt{\frac{c_k}{(1-\lambda_k)\,l_k\,(1-\mu_k)\,\theta_k}} \quad (77)$$

Die $2n$-Gleichungen enthalten die $2n-1$ Unbekannten $\lambda_1, \lambda_2 \ldots \lambda_n$ und $\mu_1, \mu_2 \ldots \mu_{n-1}$, außer der Unbekannten α bzw. ω. Mit den bereits oben eingeführten Abkürzungen erhält man ganze rationale Funktionen $\mu_k = f_k(z)/g_k(z)$, und schließlich wieder die grundlegende Rekursionsformel Gl. (76).

Mit den errechneten Frequenzen (Hertz) erhält man die kritischen sekundlichen Drehzahlen ν zu:

$$\nu_{ij} = \frac{\alpha_i}{j} \text{ für Zweitaktmotoren und} \tag{78}$$

$$\nu_{i+j} = 2\frac{\alpha_i}{j} \text{ für Viertaktmotoren} \tag{79}$$

$$(i = 1, 2, \ldots;\ j = 1, 2, \ldots);$$

hierbei nennt man i den Grad und j die Ordnung der kritischen Drehzahlen.

Die Anwendung auf Maschinen gleicher Zylinder-Werte, die als homogene Maschine betrachtet werden kann, bringt Abschnitt 32, S. 36.

Auf die Wiedergabe der umfangreichen Ableitungen für erzwungene Schwingungen muß verzichtet werden; der Leser möge sie in der Originalarbeit nachsehen.

24 Verfahren Kraemer

Kraemer [19] wählt die Form (Abb. 14) der Reduktion auf eine Welle mit konstantem J und reduziert die Massenträgheitsmomente $\theta = mr^2$ auf zwei Massen mit konstantem Abstand von der Wellenmitte. Diese Art mag zunächst etwas übersichtlicher erscheinen, für die Durchrechnung bietet sie keine besonderen Vorteile. Die elastische Konstante c ist indirekt proportional der Länge des Wellenstückes.

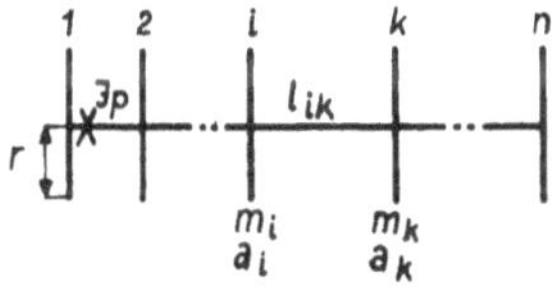

Abb. 14

Das von ihm angegebene schrittweise Verfahren, das er auch „strickend fortlaufend" nennt, ist nichts anderes als eine Abart des bereits von Tolle (22, S. 20) und dem zeitlich späteren von Zipperer aus dem Gümbel-Geigerschen abgeleiteten Verfahren (S. 16) aus der Zeit des ersten Weltkrieges.

Ist m_i die auf den Kurbelradius r reduzierte Masse, a_i deren Ausschlag in cm und sind m_k und a_k die entsprechenden Werte an der Stelle k; l_{ik} die Länge des dazwischenliegenden

Wellenstückes, so ist nach der dynamischen Grundgleichung die am Hebelarm r wirkende Rückstellkraft:

$$R_{ik} = \frac{J_p \cdot G}{l_{ik} \cdot r^2}(a_k - a_i) = \sum_1^i m_i \cdot \ddot{a}_i \tag{80}$$

und da $\ddot{a}_i = - a_i \cdot \omega^2$ ist:

$$R^{\bullet}_{ik} = \underbrace{\frac{J_p \cdot G}{l_{ik} \cdot r^2}(a_k - a_i)}_{\text{Rückstellkräfte}} = \sum_1^i \underbrace{(-m_i \cdot a_i \cdot \omega^2)}_{\text{Massenkräfte}} \tag{81}$$

oder mit r multipliziert und für $a = \alpha \cdot r$ gesetzt; worin α der Winkel im Bogenmaß (cm/cm) ist:

$$M_{ik}{}^{*)} = R_{ik} = \underbrace{c_{ik}(\alpha_k - \alpha_i)}_{\text{Rückstellmomente}} = \sum_1^i \underbrace{(-\theta_i \cdot \alpha_i \cdot \omega^2)}_{\text{Momente der Massenkräfte}} \tag{82}$$

In der zweiten Gleichung (82) sind R und c**) Momente (cmkg), vgl. I 322, S. 68, θ das Massenträgheitsmoment (kgs²cm).

Für die Aufstellung des Schemas teilt man die Gleichung in zwei Teile und bekommt:

$$\underbrace{\sum_1^i(-\theta_i \cdot \alpha_i \cdot \omega^2) = R_{ik}}_{\text{Moment (cmkg)}}\ ; \underbrace{\alpha_k - \alpha_i = \frac{R_{ik}}{c_{ik}}}_{\text{Verdrehung (cm/cm)}} \tag{83}$$

und erhält mit $\alpha_1 = 1$ cm/cm beginnend das folgende „fortschreitend strickende" Verfahren, durchgeführt für ein zunächst angenommenes ω:

	$\alpha_1 = 1{,}000$
$-\theta_1 \cdot \alpha_1 \cdot \omega^2 = R_{12}$	$\alpha_2 - \alpha_1 = \frac{R_{12}}{c_{12}}$
damit:	Summe ergibt: α_2
$-\theta_2 \cdot \alpha_2 \cdot \omega^2$	
addiert: $\sum_1^2(-\theta_i \cdot \alpha_i \omega^2) = R_{23}$	$\alpha_3 - \alpha_2 = \frac{R_{23}}{c_{23}}$
	zu α_2 addiert: α_3

*) auf Rotation bezogen.

**) c-Kraemer = JG/lr^2; hier $[c] = \frac{JG}{l}$ (Drehmoment für den Ausschlag 1 cm gemessen auf dem Einheitskreis).

damit wieder:

$$-\theta_3 \cdot \alpha_3 \cdot \omega^2,$$

und zu obigen Werten addiert:

$$\sum_1^3 (-\theta_i \cdot \alpha_i \cdot \omega^2) = R_{34} \qquad \text{usw.}$$

Für den Resonanzfall, $\omega = \omega_e$, wird $R = 0$, und man erhält die Beziehungen für jede Scheibe:

Rückstellkräfte + Massenkräfte = 0

oder

Rückstellmomente + Momente der Massenkräfte = 0.

Kraemer und seine Mitarbeiter Frank und Arnold ersetzen in i die Scheiben 1 bis i durch eine Ersatzscheibe mit θ_E und führen das System auf ein solches mit zwei oder drei Scheiben zurück. Dieses Verfahren auf ein System mit Motor, mit „homogenen" Massen, wird in Abschnitt 33, S. 41, ausführlich behandelt.

Liegt der Motor zwischen inhomogenen Massen und die Einzelmasse auf einer Seite, so wird diese durch eine homogene Masse h ersetzt; sie bildet dann mit dem z = zylindrischen Motor einen $(h + z)$-zylindrischen. Das Verfahren möge in den Originalarbeiten*) nachgelesen werden.

3. Homogene Massen (Motore)

31 Verfahren Tolle

Das Massenträgheitsmoment der ganzen Welle (Abb. 15) sei θ_l, die elastische Konstante c_l. Hieraus ergibt sich für:

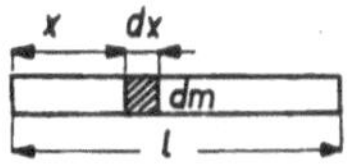

Abb. 15

$$\text{Länge } 1: \quad \theta_0 = \frac{\theta_l}{l} \text{ und } c_0 = c_l \cdot l$$

$$\text{Länge } dx: \quad \theta_0\, dx \text{ und } c = \frac{c_0}{dx}$$

* Die hierzu erforderlichen Ableitungen und Kurvenblätter befinden sich im Vorlesungs-Umdruck.

Für das Massenelement lauten die Grundgleichungen:

$$\theta_0\, dx \cdot \omega^2 a + de = 0,$$

oder:

$$\theta_0\, \omega^2 a + \frac{de}{dx} = 0 \tag{84}$$

und

$$e = c_0 \frac{da}{dx}$$

oder

$$e - c_0 \frac{da}{dx} = 0. \tag{85}$$

Zur Lösung setzen wir:

$$\begin{aligned} a &= A_1 \cos\frac{x}{\lambda} + A_2 \sin\frac{x}{\lambda} \\ e &= B_1 \cos\frac{x}{\lambda} - B_2 \sin\frac{x}{\lambda}, \end{aligned} \tag{86}$$

worin A_1; A_2; B_1; B_2 und λ noch zu bestimmende Konstanten sind.

Beide Gleichungen nach dx differenziert ergeben:

$$\frac{da}{dx} = -\frac{A_1}{\lambda}\sin\frac{x}{\lambda} + \frac{A_2}{\lambda}\cos\frac{x}{\lambda} \tag{87}$$

$$\frac{de}{dx} = -\frac{B_1}{\lambda}\sin\frac{x}{\lambda} - \frac{B_2}{\lambda}\cos\frac{x}{\lambda} \tag{88}$$

Setzt man diese Werte in Gl. (85) ein, so wird:

$$\theta_0\, \omega^2 A_1 \cos\frac{x}{\lambda} + \theta_0\, \omega^2 A_2 \sin\frac{x}{\lambda} - \frac{B_1}{\lambda}\sin\frac{x}{\lambda} - \frac{B_2}{\lambda}\cos\frac{x}{\lambda} = 0,$$

oder

$$\cos\frac{x}{\lambda}\left(\theta_0\, \omega^2 A_1 - \frac{B_2}{\lambda}\right) + \sin\frac{x}{\lambda}\left(\theta_0\, \omega^2 A_2 - \frac{B_1}{\lambda}\right) = 0$$

Diese Gleichung kann für jedes x nur zu Null werden, wenn beide Klammerausdrücke verschwinden.

Aus

$$\theta_0\, \omega^2 A_1 - \frac{B_2}{\lambda} = 0$$

folgt

$$\theta_0\, \omega^2 \lambda = \frac{B_2}{A_1}$$

und aus dem zweiten Klammerausdruck:

$$\theta_0 \, \omega^2 \, \lambda = \frac{B_1}{A_2}$$

Ferner erhalten wir aus Gl. (85) und (87/88):

$$B_1 \cos \frac{x}{\lambda} - B_2 \sin \frac{x}{\lambda} + c_0 \frac{A_1}{\lambda} \sin \frac{x}{\lambda} - c_0 \frac{A_2}{\lambda} \cos \frac{x}{\lambda} = 0$$

oder

$$\cos \frac{x}{\lambda} \left(B_1 - c_0 \frac{A_2}{\lambda} \right) + \sin \frac{x}{\lambda} \left(c_0 \frac{A_1}{\lambda} - B_2 \right) = 0$$

Hieraus ergibt sich:

$$\frac{c_0}{\lambda} = \frac{B_1}{A_2}$$

und

$$\frac{c_0}{\lambda} = \frac{B_2}{A_1}$$

ferner:

$$\theta_0 \, \omega^2 \, \lambda = \frac{c_0}{\lambda} \tag{89}$$

und

$$\lambda = \sqrt{\frac{c_0}{\theta_0} \cdot \frac{1}{\omega^2}} \text{ oder } \lambda \, \omega = \sqrt{\frac{c_0}{\theta_0}} \tag{90}$$

Es bleibt nun noch übrig, die Konstanten A und B zu bestimmen.

Wir nehmen an, das elastische Wellenstück mit gleichförmig verteilter Masse befinde sich zwischen der Stelle i und $i + 1$.

Es ist für die Stelle:

$$i{:} \qquad x = 0$$

$$i + 1{:} \quad x = l$$

In Gl. (86) eingesetzt, wird:

$$a_i = A_1 \text{ und } e_{i-1,\, i} = B_1$$

Aus den weiteren Beziehungen folgt:

$$A_2 = B_1 \frac{\lambda}{c_0} = e_{i-1,\, i} \cdot \frac{\lambda}{c_0}$$

$$B_2 = A_1 \cdot \frac{c_0}{\lambda} = a_i \cdot \frac{c_0}{\lambda}$$

Damit lautet für eine beliebige Zwischenstelle unserer Gl. (86):

$$a_{i+1} = a_i \cos\frac{x}{\lambda} + e_{i-1,\,i}\cdot\frac{\lambda}{c_0}\sin\frac{x}{\lambda} \tag{91}$$

$$e_{i,\,i+1} = e_{i-1,\,i}\cdot\cos\frac{x}{\lambda} - \frac{c_0}{\lambda}\cdot a_i \sin\frac{x}{\lambda} \tag{92}$$

Wollen wir die Werte für den Endquerschnitt berechnen, so ist $x = l$ einzusetzen, womit wir erhalten

$$a_{i+1} = a_i\cdot\cos\frac{l}{\lambda} + e_{i-1,\,i}\cdot\frac{\lambda}{c_0}\sin\frac{l}{\lambda} \tag{93}$$

$$e_{i,\,i+1} = e_{i-1,\,i}\cdot\cos\frac{l}{\lambda} - \frac{c_0}{\lambda}\cdot a_i\sin\frac{l}{\lambda} \tag{94}$$

Befindet sich das Wellenstück am Anfang, so ist für:

$$i - 1 = 0$$
$$i = 1$$
$$i + 1 = 2$$

zu setzen. Da $e_{01} = 0$ ist, lauten die Gl. (93) und (94):

$$a_2 = a_1\cdot\cos\frac{l}{\lambda} \tag{95}$$

$$e_{12} = -\frac{c_0}{\lambda}a_1\cdot\sin\frac{l}{\lambda} \tag{96}$$

In einem Zahlenbeispiel (52; S. 63) werden wir die Anwendung dieser Formeln noch näher erläutern.

32 Verfahren Grammel

Für die rein homogene Maschine sind sämtliche Werte C_k, l_k und θ_k einander gleich und damit auch

$$C_k = C'_k = c \text{ bzw. } \omega_k^2 = \omega'^2_k = \omega \quad (k = 1, 2, \ldots n) \tag{97}$$

Mit den dimensionslosen Abkürzungen:

$$\zeta = \frac{z}{c} \text{ und } \varphi_k = \frac{f_k}{c_k} \tag{98}$$

nimmt die Rekursionsformel für die homogene Maschine folgende Form an:

$$\varphi_k = (\zeta - 2)\,\varphi_{k-1} - \varphi_{k-2} \tag{99}$$
$$\text{mit } \varphi_{-1} = 0;\ \varphi_0 = 1 \text{ und } k = 1, 2, \ldots n$$

Mit ihr erhält man:

$$\varphi_1 = \zeta - 2,$$
$$\varphi_2 = \zeta^2 - 4\,\zeta + 3,$$
$$\varphi_3 = \zeta^3 - 6\,\zeta^2 + 10\,\zeta - 4$$
$$\ldots\ldots\ldots\ldots\ldots\ldots\ldots\ldots$$

$$\varphi_n = \zeta^n - \binom{2n}{1}\zeta^{n-1} + \binom{2n-1}{2}\zeta^{n-2} - \binom{2n-2}{3}\zeta^{n-3} + \cdots\cdots\cdots + (-1)^n \cdot (n+1) \tag{100}$$

Eine einfachere Form erhält man mit einer neuen Veränderlichen

$$\xi = \zeta - 2$$

Grammel bringt weiter goniometrische Beziehungen und zeigt, daß

φ_n für gerades n (ungerade Zylinderzahl $n + 1$)

symmetrisch ist für Argumentwert $\xi = 0$ bzw. $\zeta = 2$; für ungerades n (gerade Zylinderzahl) schiefsymmetrisch. Er zeigt ferner, daß eine obere Schranke für $\zeta = 4$ vorhanden ist. In Abb. 16 sind die Kurven für φ_4 und φ_5 graphisch aufge-

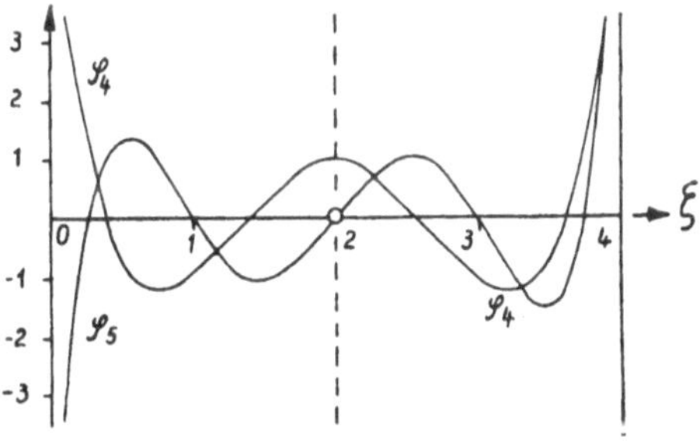

Abb. 16

tragen; die Symmetrieverhältnisse sind deutlich zu erkennen. Für φ_1 bis φ_{11} liegen die Werte ausgerechnet vor*) mit einem

*) Zu beziehen durch Lehrstuhl Prof. Dr. Grammel, TH. Stuttgart; Anhang 1

verkürzten Bereich für $\zeta = 3{,}50$ bis $4{,}0$, der seltener zur Anwendung kommt, der jedoch mit der Beziehung

$$\varphi_n (4 - \zeta) = (-1)^n \cdot \varphi_n \cdot \zeta \tag{101}$$

ebenso genau, mit den kleinen Intervallen wie von $\zeta = 0{,}00 \rightarrow 0{,}50$ berechnet werden kann. Weitere Beziehungen finden sich in den Abschnitten 33, S. 43 und 34, S. 50.

Die Frequenzen in Hertz ergeben sich aus den Eigenwerten ζ_i zu

$$\alpha_i = \frac{1}{2\pi} \sqrt{c \cdot \zeta_i} \tag{102}$$

Da

$$c = \frac{C}{l\,\theta} = \frac{C/l}{\theta} = \frac{[c]}{\theta} = \omega^2$$

wird

$$\alpha_i \cdot 2\pi = \omega_i = \sqrt{\omega^2 \cdot \zeta_i} \text{ oder } \omega_i^2 = \omega^2 \cdot \zeta_i \tag{103}$$

wenn ω die Kreiseigenfrequenz des Elementarsystems, bestehend aus einer Scheibe θ an einem eingespannten Wellenstück C und l ist.

Diese φ_n-Funktion, unabhängig von den Systemwerten C, l und θ, abhängig lediglich von der Zahl der Scheiben, der Zylinder der homogenen Maschine, sind auch anzuwenden für inhomogene Maschinen, also für Maschinenanlage mit Motor und Zusatzdrehmassen.

Homogene Maschine mit 1 Zusatzmasssse (Abb. 17)

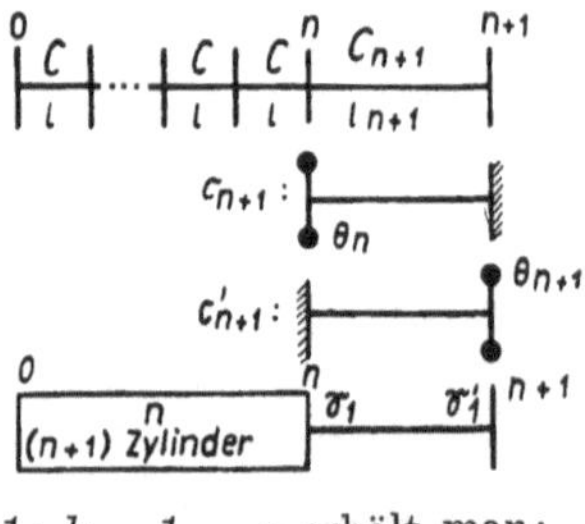

Abb. 17

Mit $k = n + 1$; $k - 1 = n$ erhält man:

$$c_{n+1} = \frac{C_{n+1}}{l_{n+1} \cdot \theta_n} \; ; \; c' = \frac{C_{n+1}}{l_{n+1} \cdot \theta_{n+1}} \tag{104}$$

Zur Vereinfachung werden noch die reduzierten (dimensionslosen) Koeffizienten

$$\gamma_1 = \frac{c_{n+1}}{c} \text{ und } \gamma_1' = \frac{c'_{n+1}}{c} \tag{105}$$

worin wieder:

$$c = \frac{C}{l\theta} = \frac{C/l}{\theta} = \frac{[c]}{\theta} = \omega^2$$

ist.

Damit kann man auch schreiben:

$$\gamma_1 = \frac{C_{n+1}}{l_{n+1} \cdot \theta_n} : \frac{C}{l \cdot \theta} = \frac{C_{n+1}}{C} \cdot \frac{l}{l_{n+1}} \cdot \frac{\theta}{\theta_n} = \frac{l}{l_{n+1}}, \tag{106}$$

da bei einer auf gleiche Welle reduzierten System

$$C_{n+1} = C \quad \text{und} \quad \theta = \theta_n$$

ist.

Ebenso wird:

$$\gamma_1' = \frac{C_{n+1}}{l_{n+1} \cdot \theta_{n+1}} : \frac{C}{l \cdot \theta} = \frac{l}{l_{n+1}} \cdot \frac{\theta}{\theta_{n+1}} \tag{107}$$

Die Rekursionsformel Gl. (76) in 23, S. 30 für $k = n + 1$ gesetzt:

$$f_{n+1} = (z - c_{n+1} - c'_{n+1}) f_n - c_{n+1} \cdot c_n \cdot f_{n-1}$$

geht mit $c = \zeta \cdot z$; $f_{n+1} = \varphi_{n+1} \cdot c^{n+1}$ und $c_{n+1} = c \cdot \gamma_1$; $c'_{n+1} = c \cdot \gamma'_1$ über in:

$$\varphi_{n+1} \cdot c^{n+1} = c\,(\zeta - \gamma_1 - \gamma'_1)\, \varphi_n - c_{n+1} \cdot c_n \cdot c^{n-1} \cdot \varphi_{n-1}$$

und nach Division durch c^{n+1} in:

$$\varphi_{n+1} = (\zeta - \gamma_1 - \gamma'_1)\, \varphi_n - c_{n+1} \cdot c_n \cdot \frac{1}{c^2} \cdot \varphi_{n-1}$$

Da

$$c_{n+1} \cdot c_n \cdot \frac{1}{c_2} = \frac{c_{n+1}}{c} \cdot \frac{c_n}{c} = \lambda_1,$$

und $c_n = c$ ist, lautet sie schließlich:

$$\varphi_{n+1} = (\zeta - \gamma_1 - \gamma_1')\, \varphi_n - \lambda_1 \cdot \varphi_{n-1} \tag{108}$$

Für

$$\zeta - \gamma_1 - \gamma_1' = \zeta - (\gamma_1 + \gamma_1') \tag{109}$$

führt Grammel die Hilfsfunktion ζ' ein, versieht den zusammengesetzten Wert φ'_{n+1} mit einem Strich, zwecks Unterscheidung von den tabulierten Werten φ_n und φ_{n-1}.

Schließlich wird:

$$\varphi'_{n+1} = \zeta' \cdot \varphi_n - \lambda_1 \cdot \varphi_{n-1} \tag{110}$$

Die Eigenwerte ζ_i ergeben sich aus $\varphi'_{n+1} = 0$ und aus diesen die Frequenzen zu

$$\alpha_i = \frac{1}{2\pi} \sqrt{c \cdot \zeta_i}\,; \tag{111}$$

die Kreiseigenfrequenzen, da $c = \omega^2$ des Elementarstückes der homogenen Maschine ist, zu

$$\omega_i = \omega \cdot \sqrt{\zeta_i} \tag{112}$$

Grammel hat für 23 Maschinenanlagen solche Frequenzgleichungen aufgestellt. Einige wichtige sind im folgenden aufgenommen. Über die weiteren gibt eine Aufstellung in 42, S. 57, Kenntnis. Ein Zahlenbeispiel zeigt die Anwendung dieses Verfahrens (53, S. 68).

Rechnungsgang für einfache Maschinen

$$c_k = \frac{C_k}{l_k \cdot \theta_{k-1}} \qquad c' = \frac{C_k}{l_k \cdot \theta_k} \tag{113}$$

$$\gamma_i = \frac{c_{n+i}}{c} \qquad \gamma_i' = \frac{c'_{n+i}}{c} \quad (i = 1, 2 \ldots n) \tag{114}$$

$$c = \frac{C}{l \cdot \theta} = \omega^2 \quad \text{des Elementarsystems der homogenen Maschine} \tag{115}$$

Gemeinsame Hilfsfunktionen:

$$\zeta' = \zeta - (\gamma_1 + \gamma_1'); \; \zeta'' = \zeta - (\gamma_2 + \gamma_2'); \; \zeta''' = \zeta - (\gamma_3 + \gamma_3') \text{ usw.} \tag{116}$$

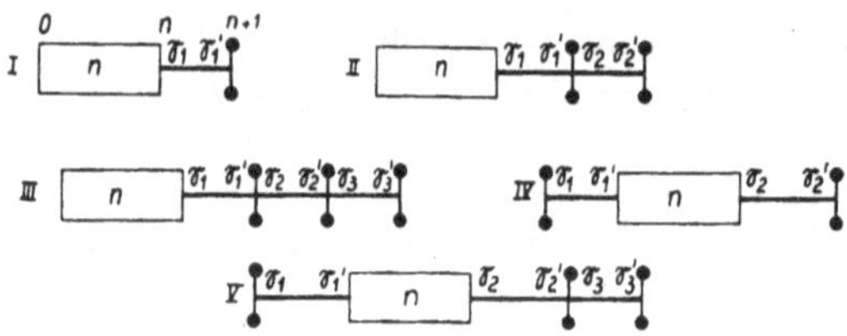

Abb. 18

Für die in Abb. 18 wiedergegebenen Maschinen I bis V erhält man:

I: Frequenzfunktion:

$$\varphi'_{n+1} = \zeta' \cdot \varphi_n - \gamma_1 \cdot \varphi_{n-1} \qquad (117)$$

II: Hilfsfunktion: $\zeta^{II} = \zeta' \zeta'' - \gamma_1' \cdot \gamma_2$

Frequenzfunktion:

$$\varphi'_{n+2} = \zeta^{II} \cdot \varphi_n - \gamma_1 \zeta'' \cdot \varphi_{n-1} \qquad (118)$$

III: Hilfsfunktionen:

$$\zeta^{II} = \zeta'' \cdot \zeta''' - \gamma_2' \cdot \gamma_3$$
$$\zeta^{III} = \zeta' \cdot \zeta^{II} - \gamma_1' \cdot \gamma_2 \cdot \zeta'''$$

Frequenzfunktion:

$$\varphi'_{n+3} = \zeta^{III} \cdot \varphi_n - \gamma_1 \cdot \zeta^{II} \cdot \varphi_{n-1} \qquad (119)$$

IV: Hilfsfunktionen:

$$\zeta^{I} = (\gamma_1' + \gamma_2 - \gamma_1' \cdot \gamma_2)\, \zeta - (\gamma_1 \gamma_2 + \gamma_1' \cdot \gamma_2')$$
$$\zeta^{II} = \zeta' \cdot \zeta'' - \gamma_1' \cdot \gamma_2$$

Frequenzfunktion:

$$\varphi'_{n+2} = \zeta^{II} \cdot \varphi_n - \zeta^{I} \cdot \varphi_{n-1} \qquad (120)$$

V: Hilfsfunktionen:

$$\zeta^{*} = (\gamma_1' + \gamma_2 - \gamma_1' \cdot \gamma_2)\, \zeta - (\gamma_1 \gamma_2 + \gamma_1' \cdot \gamma_2')$$
$$\zeta^{**} = \zeta' \zeta'' - \gamma_1' \cdot \gamma_2$$
$$\zeta^{II} = \zeta''' \cdot \zeta^{*} - \gamma_1' \cdot \gamma_2' \cdot \gamma_3$$
$$\zeta^{III} = \zeta''' \cdot \zeta^{**} - \gamma_2' \cdot \gamma_3 \cdot \zeta'$$

Frequenzfunktion:

$$\varphi'_{n+3} = \zeta^{III} \cdot \varphi_n - \zeta^{II} \cdot \varphi_{n-1} \qquad (121)$$

33 Verfahren Kraemer-Frank-Arnold

Das Verfahren soll an Reihenmotoren mit homogener Massenverteilung gezeigt werden mit dem in diesem Bändchen angewandten Massenträgheitsmoment θ und dem Richtmoment c.

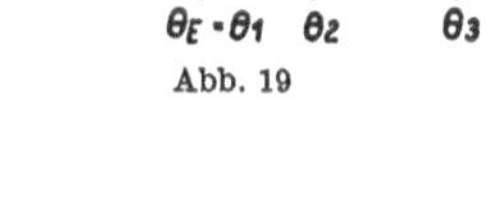

Abb. 19

Das System mit z homogenen und 2 Einzelscheiben (Abb. 19) wird auf ein solches mit drei Scheiben zurückgeführt, worin

$\theta_z = \theta_E$ eine schwingungstechnisch-gleichwertige Ersatzscheibe ist. Bei vollkommen steifen Wellen,

$$c_0 \to \infty \text{ wäre } \theta_E = \sum_1^z \theta_i .$$

Da für jede Scheibe: „Massenträgheitsmoment plus Rückstellmomente gleich Null" ist, ergeben sich folgende Gleichungen (für $a = \alpha$ bei der homogenen Maschine gesetzt):

$$\begin{aligned} &\theta_0 \cdot \alpha_1 \cdot \omega^2 && - c_0(\alpha_1 - \alpha_2) &&= 0 \\ &\theta_0 \cdot \alpha_2 \cdot \omega^2 + c_0(\alpha_1 - \alpha_2) && - c_0(\alpha_2 - \alpha_3) &&= 0 \\ &\vdots \\ &\theta_0 \cdot \alpha_z \cdot \omega^2 + c_0(\alpha_{z-1} - \alpha_z) && - c_0(\alpha_z - \alpha_{z+1}) &&= 0 \end{aligned} \quad (122)$$

Die Addition der Gleichungen ergibt:

$$\theta_0 \cdot \sum_{i=1}^{i=z} (\alpha_i \, \omega^2) - c_0(\alpha_z - a_{z+1}) = 0 \quad (123)$$

Für die Ersatzscheibe θ_E ist:

$$\theta_E \cdot a_z \cdot \omega^2 - c_0(a_z - a_{z+1}) = 0 \quad (124)$$

Beide Gleichungen sind identisch gleich, wenn

$$\theta_0 \cdot \sum_1^z (a_i \cdot \omega^2) = \theta_E \cdot a_z \cdot \omega^2$$

und

$$\theta_E = \theta_0 \sum_1^z \frac{a_i}{a_z} \quad (125)$$

ist.

Aus der ersten der Gleichung erhält man

$$\alpha_2 = \alpha_1 \left(1 - \frac{\theta_0}{c_0} \omega^2\right) = 1 - \frac{\theta_0}{c_0} \omega^2 \quad (126)$$

wenn für $\alpha_1 = 1$ cm/cm gesetzt wird.

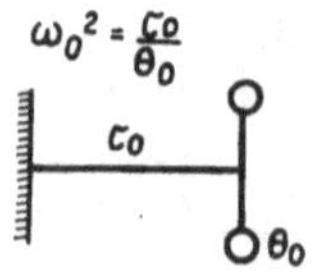

Abb. 20

Wie aus Abb. 20 zu ersehen, ist $\theta_0/c_0 = 1/\omega_0^2$, wenn ω_0 dieEigenfrequenz des Teilsystems der homogenen Maschine ist. Damit wird:

$$\alpha_2 = 1 - \left(\frac{\omega}{\omega_0}\right)^2$$

In gleicher Weise erhält man:

$$\alpha_3 = 1 - 3\left(\frac{\omega}{\omega_0}\right)^2 + \left(\frac{\omega}{\omega_0}\right)^4$$

schließlich:

$$\alpha_i = 1 - \binom{i}{2}\left(\frac{\omega}{\omega_0}\right)^2 + \binom{i+1}{4}\left(\frac{\omega}{\omega_0}\right)^4 - \binom{i+2}{6}\left(\frac{\omega}{\omega_0}\right)^6 + - \ldots \quad (127)$$

Mit $(\omega/\omega_0)^2 = \nu$ stimmt diese Gleichung mit Gl. (142), S. 50 überein.

α_i ist also eine Funktion von $(\omega/\omega_0)^2$, aber unabhängig von den jeweiligen Schwingungswerten θ und c des Motors. Das Massenträgheitsmoment θ_E der Ersatzmasse kann berechnet werden und damit die Frequenzrechnung des Systems:

$$\theta_E = \theta_1;\ c_{12};\ \theta_2 \text{ oder } \theta_E = \theta_1;\ c_{12};\ \theta_2;\ c_{23};\ \theta_3$$

entweder direkt oder mit dem schrittweisen Verfahren, wobei die Berechnung des „Strumpfes" bis i gespart werden kann.

Frank fand ein einfaches graphisches Verfahren zur Bestimmung der Eigenfrequenzen, wenn Kurvenblätter für

$$\beta_z = \frac{1}{\sum\limits_1^z \frac{\alpha_i}{\alpha_z}} \quad (128)$$

als Funktion von $(\omega/\omega_0)^2$ aufgetragen, vorliegen*).

Damit wird:

$$\theta_E = \theta_0 \sum_1^i \frac{\alpha_i}{\alpha_z} = \frac{\theta_0}{\beta_z} \quad (129)$$

Ferner gibt Frank eine Beziehung zwischen α_i und den Funktionswerten φ_n von Grammel an, welche lautet, für $i = n$ gesetzt:

$$\alpha_n = (-1)^{n-1} \cdot (\varphi_{n-1} + \varphi_{n-2}) \quad (130)$$

Beispiel: Reduktion auf ein 2-Massen-System

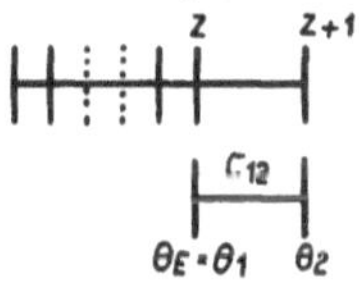

Abb. 21

Ein homogenes System von z Scheiben mit einer Einzelmasse θ_2 (Abb. 21) soll auf ein Zweimassensystem zurückgeführt werden. Für letztere gilt die bekannte Beziehung:

*) Vorlesungsumdruck zu beziehen durch Lehrstuhl Prof. Kraemer, TH. Karlsruhe, s. a. Abb. 58 u. 59.

$$\omega_e^2 = \frac{c_{12}}{\theta_E} + \frac{c_{12}}{\theta_2}$$

für $\theta_E = \theta/\beta_z$ gesetzt, erhält man:

$$\omega_e^2 = \frac{c_{12}}{\theta}\beta_z + \frac{c_{12}}{\theta_2}$$

Beide Seiten mit $\theta/c = 1/\omega_0^2$ multipliziert, ergibt:

$$\left(\frac{\omega_e}{\omega_0}\right)^2 = \frac{c_{12}\cdot\theta}{\theta\cdot c}\beta_z + \frac{c_{12}\cdot\theta}{\theta_2\cdot c}$$

schließlich:

$$\beta_z = \frac{c}{c_{12}}\left(\frac{\omega_e}{\omega_0}\right)^2 - \frac{\theta}{\theta_2} \equiv Ax - B \qquad (131)$$

Beide Seiten sind Funktionen von $(\omega_e/\omega_0)^2$. Die rechte Seite ist die Gleichung einer Geraden, die die β_z-Achse in $(-\theta/\theta_2)$ schneidet; die $(\omega/\omega_0)^2$-Achse in $\frac{\theta}{\theta_2}\cdot\frac{c_{12}}{c}$ (Abb. 22). Die β_z-Kurven als Funktion von $(\omega/\omega_0)^2$ liegen vor. Die Abszissen

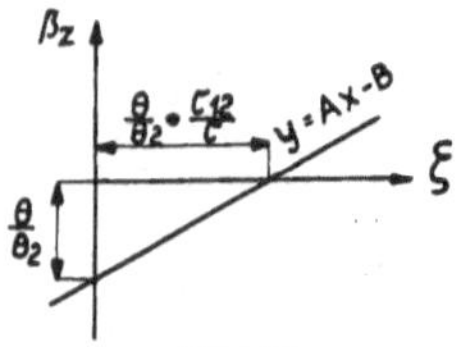

Abb. 22

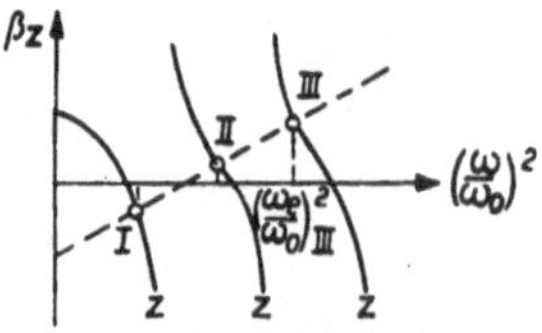

Abb. 23

der Schnittpunkte der Geraden mit den β_z-Kurven (Abb. 23) liefern die $(\omega_0/\omega_0)^2$-Werte, aus denen, da $\omega_0^2 = c_0/\theta_0$ bekannt ist, sich die Kreiseigenfrequenzen:

$$\omega_{eI};\ \omega_{eII};\ \omega_{eIII}\ \ldots$$

berechnen.

Beispiel: Reduktion auf ein 3-Massen-System

Das System hat also außer der homogenen Masse noch zwei Einzelmassen θ_2 und θ_3.

Ausgehend von der Schwingungsgleichung I 3215 b, für $\theta_E = \theta/\beta_z$ gesetzt, erhält man nach weiteren Umformungen schließlich [19]:

$$\beta_z = \left(\frac{\omega}{\omega_0}\right)^2 \cdot \frac{c_0}{c_{12}} - \frac{\theta_0}{\theta_2} - \frac{\frac{c_{23}}{c} \cdot \left(\frac{\theta_0}{\theta_2}\right)^2}{\left(\frac{\omega}{\omega_0}\right)^2 - \frac{c_{23}}{c} \cdot \frac{\theta_0\,(\theta_2 + \theta_3)}{\theta_2 \cdot \theta_3}} \tag{132}$$

also eine Gleichung der Form:

$$\beta_z \equiv A x - B - \frac{C}{x - D}, \tag{133}$$

wobei beide Seiten wieder Funktionen von $(\omega/\omega_0)^2$ sind. Die rechte Seite ist die Gleichung einer Hyperbel. Eine der Asymptoten ist die Gerade $Ax - B$, die mit der Geraden beim Zweimassensystem übereinstimmt; die zweite Asymptote ist eine Parallele zur β_z-Achse im Abstand D; die Hyperbel schneidet die Achse im Punkt

$$\beta_z = -B - \frac{C}{-D};$$

ausgerechnet:

$$\beta_z = -\frac{\theta_0}{\theta_2 + \theta_3} \tag{134}$$

Damit sind von der Hyperbel (Abb. 24) die beiden Asymptoten (— — —) und ein Hyperbelpunkt P bekannt; weitere können nach dem Satz konstruiert werden, daß die Abstände zwischen Hyperbel und Asymptote auf einer die Hyperbel schneidenden Geraden gleich groß sind (Abb. 25).

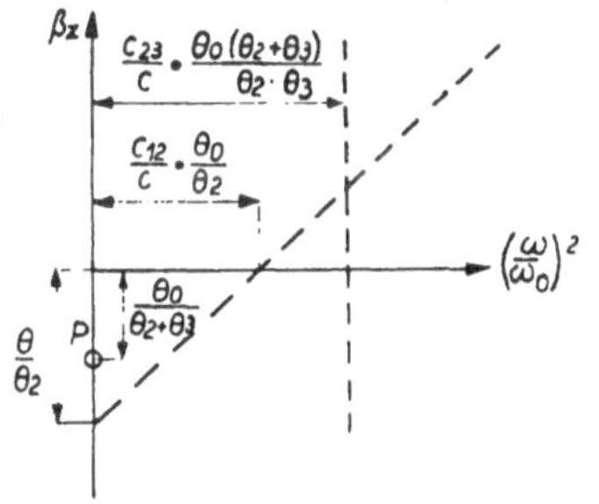

Abb. 24

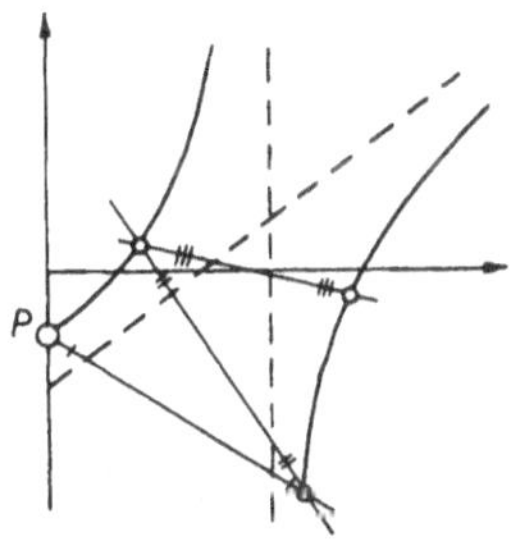

Abb. 25

Die Abszissen der Schnittpunkte der Hyperbel mit den β-Kurven gleicher z-Zahl liefern $(\omega/\omega_0)^2$ und damit die

Eigenfrequenzen. In Abb. 26 ist dies schematisch gezeigt. In die Abbildung sind ferner auch die Schnittpunkte der Geraden, des Systems mit 1 Zusatzmasse, eingetragen. Durch

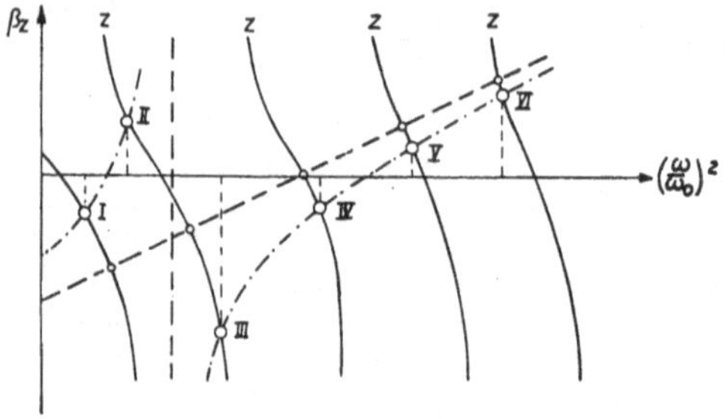

Abb. 26

die zweite Zusatzmasse wird die 1. Eigenfrequenz nach unten, die 2. nach oben verschoben, dazwischen schiebt sich eine neue ein. Die höheren nähern sich immer mehr, bleiben also praktisch unverändert.

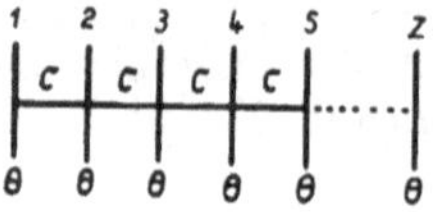

Abb. 27

34 Verfahren Zipperer*)

Für die in Abb. 27 wiedergegebene Anordnung ergibt sich bei Verwendung des Tolle'schen Verfahrens, mit

$$\theta_1 = \theta_2 = \ldots = \theta \text{ und } c_{12} = c_{23} = \ldots = c$$

$$e_{01} = 0$$

$$a_1 = 1$$

$$e_{12} = e_{01} - \theta\,\omega^2 = -\theta\,\omega^2$$

$$a_2 = a_1 + \frac{e_{12}}{c} = 1 - \frac{\theta}{c}\,\omega^2 = 1 - \frac{\omega^2}{c/\theta}$$

und da $c/\theta = \omega_0^2$ das Quadrat der Kreiseigenfrequenz des Systemelementes ist:

$$a_2 = 1 - \frac{\omega^2}{\omega_0^2} \tag{135}$$

*) Bisher unveröffentlicht.

und mit der Abkürzung $\omega^2/\omega_0^2 = \nu$ schließlich $a_2 = 1 - \nu$. Dividiert man die Gleichung für e_{12} durch c, so wird:

$$\frac{e_{12}}{c} = \frac{e_{01}}{c} - \frac{\theta}{c}\,\omega^2 = \frac{e_{01}}{c} - \frac{\omega^2}{\omega_0^2} = \frac{e_{01}}{c} - \nu \tag{136}$$

oder wenn zur weiteren Abkürzung $e/c = E$ mit den gleichen Indices gesetzt wird, da $e_{01} = 0$:

$$E_{12} = E_{01} - \nu = -\nu \tag{137}$$

Die Weiterrechnung liefert:

$$\begin{aligned}
a_2 &= a_1 + E_{12} = 1 - \nu \\
E_{23} &= E_{12} - a_2\,\nu = -2\,\nu + \nu^2 \\
a_3 &= a_2 + E_{23} = 1 - 3\,\nu + \nu^2 \\
E_{34} &= -3\,\nu + 4\,\nu^2 - \nu^3 \\
a_4 &= 1 - 6\,\nu + 5\,\nu^2 - \nu^3 \\
E_{45} &= -4\,\nu + 10\,\nu^2 - 6\,\nu^3 + \nu^4 \\
a_5 &= 1 - 10\,\nu + 15\,\nu^2 - 7\,\nu^3 + \nu^4 \\
E_{56} &= -5\,\nu + 20\,\nu^2 - 21\,\nu^3 + 8\,\nu^4 - \nu^5
\end{aligned}$$

usw.

Allgemein ergibt sich aus den Grundgleichungen und mit $M_i = 0$, wenn also keine äußere Momente vorhanden sind:

$$e_{z,\,z+1} = e_{z-1,\,z} - \theta_z \cdot \omega^2 \cdot a_z \tag{138}$$

$$a_{z+1} = a_z + \frac{e_{z,\,z+1}}{c_{z,\,z+1}} \tag{139}$$

wenn $\theta_z = \theta =$ konstant und $c_{z,\,z+1} = c =$ konstant. Die erste Gleichung durch c dividiert ergibt:

$$\begin{aligned}
\frac{e_{z,\,z+1}}{c} &= \frac{e_{z-1,\,z}}{c} - \frac{\theta}{c}\,\omega^2\,a_z \\
&= \frac{e_{z-1,\,z}}{c} - \frac{\omega^2}{c/\theta}\,a_z
\end{aligned}$$

Bildungs - Schema

Exponent von r	E_{01}	a_1	E_{12}	a_2	E_{23}	a_3	E_{34}	a_4	E_{45}	a_5	E_{56}	a_6	E_{67}		
ν^6															
													$+\binom{11}{11}$		
ν^5												$-\binom{10}{10}$			
											$-\binom{9}{9}$		$-\binom{10}{9}$		
ν^4										$+\binom{8}{8}$		$+\binom{9}{8}$			
									$+\binom{7}{7}$		$+\binom{8}{7}$		$+\binom{9}{7}$		
ν^3								$-\binom{6}{6}$		$-\binom{7}{6}$		$-\binom{8}{6}$			
							$-\binom{5}{5}$		$-\binom{6}{5}$		$-\binom{7}{5}$		$-\binom{8}{5}$		
ν^2						$+\binom{4}{4}$		$+\binom{5}{4}$		$+\binom{6}{4}$		$+\binom{7}{4}$			
					$+\binom{3}{3}$		$+\binom{4}{3}$		$+\binom{5}{3}$		$+\binom{6}{3}$		$+\binom{7}{3}$		
ν^1				$-\binom{2}{2}$		$-\binom{3}{2}$		$-\binom{4}{2}$		$-\binom{5}{2}$		$-\binom{6}{2}$			
			$-\binom{1}{1}$		$-\binom{2}{1}$		$-\binom{3}{1}$		$-\binom{4}{1}$		$-\binom{5}{1}$		$-\binom{6}{1}$		
ν^0		$\binom{0}{0}$		$+\binom{1}{0}$		$+\binom{2}{0}$		$+\binom{3}{0}$		$+\binom{4}{0}$		$+\binom{5}{0}$			
	0	°	0		0		0		0		0		0		
			$+\nu\,\varphi_0$		$-\nu\,\varphi_1$		$+\nu\,\varphi_2$		$-\nu\,\varphi_3$		$+\nu\,\varphi_4$		$-\nu\,\varphi_5$		

Rechen-Schema

Beispiel: $a_4 = 1 - 6\nu + 5\nu^2 - \nu^3$

$E_{45} = -4\nu + 10\nu^2 - 6\nu^3 + \nu^4 = -\nu \cdot \varphi_3$

ν^6													+ 1
												− 1	
ν^5											− 1		−10
										+ 1		+ 9	
ν^4									+ 1		+ 8		+36
								− 1		− 7		−28	
ν^3							− 1		− 6		−21		−56
						+ 1		+ 5		+15		+35	
ν^2					+ 1		+ 4		+10		+20		+35
				− 1		− 3		− 6		−10		−15	
ν^1			− 1		− 2		− 3		− 4		− 5		− 6
		+ 1		+ 1		+ 1		+ 1		+ 1		+ 1	
ν^0	0		0		0		0		0		0		0
Exponent von ν	E_{01}	a_1	E_{12}	a_2	E_{23}	a_3	E_{34}	a_4	E_{45}	a_5	E_{56}	a_6	E_{67}
			$+\nu\varphi_0$		$-\nu\varphi_1$		$+\nu\varphi_2$		$-\nu\varphi_3$		$+\nu\varphi_4$		$-\nu\varphi_5$

schließlich, wenn für $e_{z,\,z+1}/c_{z,\,z+1} = E_{z,\,z+1}$ und $c/\theta = \omega_0^2$ und $(\omega/\omega_0)^2 = \nu$ gesetzt wird:

$$E_{z,\,z+1} = E_{z-1,\,z} - \nu \cdot a_z \tag{140}$$

$$a_{z+1} = a_z + E_{z,\,z+1} \tag{141}$$

Für ein Schwingungssystem mit 6-zylindrischem Motor erhält man also, wenn dieser an einem Ende sich befindet und mit diesem die Rechnung begonnen wird: a_6 und E_{67} und damit, da $E_{67} = e_{67}/c_{67}$, also $e_{67} = c_{67} \cdot E_{67}$. Mit diesen Werten rechnet man, wie in 55, S. 74, gezeigt ist, das Schema weiter durch bis zum gesuchten Restmoment R. Für die Koeffizienten der Reihen lassen sich Binomialkoeffizienten einführen, so daß man schließlich folgende Endformeln für die i-te Scheibe (= Zylinder) erhält:

$$a_i = 1 - \binom{i}{2}\nu + \binom{i+1}{4}\nu^2 - \binom{i+2}{6}\nu^3 + \binom{i+3}{8}\nu^4 - + \ldots \tag{142}$$

$$\frac{e_{i,\,i+1}}{c} = E_{i,\,i+1} = -\binom{i}{1}\nu + \binom{i+1}{3}\nu^2 - \binom{i+2}{5}\nu^3 + - \ldots \tag{143}$$

Die Reihen brechen von selbst ab, da $\binom{n}{p} = 0$ wird für $p > n$.

Die Seiten 48 und 49 enthalten die Binomialkoeffizienten und damit die Faktoren der Glieder der Reihen zusammengestellt, und zwar sind in der ersten die Binomialkoeffizienten eingesetzt, um diese leicht erweitern zu können, in der zweiten die ausgerechneten. Die Tafeln enthalten weiter die Beziehungen zu den von Grammel angegebenen φ-Werten.

Im folgenden sei der Zusammenhang zwischen der Reihe von φ nach Grammel (32, S. 37) und dem in Gl. (142) und (143) abgeleiteten Reihen gezeigt.

Nach Frank [10] ist:

$$a_i = (-1)^{i-1} \cdot (\varphi_{i-1} + \varphi_{i-2}) \tag{144}$$

also z. B.:

$$a_6 = -(\varphi_5 + \varphi_4)$$

Der Zusammenhang zwischen E und φ soll für $i = 4$ ermittelt werden.

Nach Grammel, wenn für ξ (Grammel) $= \nu$ (Zipperer) gesetzt wird, ist:

$$\varphi_4 = \nu^4 - \binom{8}{1} \nu^3 + \binom{7}{2} \nu^2 - \binom{6}{3} \nu + \binom{5}{4}$$
$$= 5 - 20\,\nu + 21\,\nu^2 - 8\,\nu^3 + \nu^4.$$

Nach Multiplikation der Gleichung mit ν erhält man:

$$\nu \cdot \varphi_4 = 5\,\nu - 20\,\nu^2 + 21\,\nu^3 - 8\,\nu^4 + \nu^5 \text{ oder}$$
$$\nu \cdot \varphi_4 = -(-5\,\nu + 20\,\nu^2 - 21\,\nu^3 + 8\,\nu^4 - \nu^5)$$

und erkennt, daß der Klammerausdruck die Reihe für E_{56} ist.

Damit wird

$$E_{56} = -\nu \cdot \varphi_4$$
$$E_{67} = +\nu \cdot \varphi_5$$

schließlich

$$E_{i,\,i+1} = (-1)^i \cdot \varphi_{i-1}. \tag{145}$$

In der Tabelle im Anhang sind die Werte a_i und $E_{i,\,i+1}$ für $\nu = 0$ bis $\nu = 4$ (obere Schranke), nach obigen Gleichungen berechnet, zusammengestellt bis $i = 6$. Eine Erweiterung über $i = 6$ hinaus ist mit der Grammelschen Tabelle*) einfach auszuführen. Diese tabulierten a- und E-Werte sind im folgenden mit a^* und E^*, also mit einem Stern versehen. Mit diesen vereinfacht sich die Rechnung wie das Beispiel in 55, S. 74, zeigt.

Befindet sich, wie Abb. 28 zeigt, die homogene Masse mit z Scheiben zwischen der i- und $(i+1)$-Masse des Systems, so ist für den homogenen Teil $e_{01} \neq 0$, sondern gleich e_{i+1} und $a_1 \neq 1$, sondern mit dem Wert a_i einzusetzen. Führt man die Berechnung nach den Grundformeln (221, S. 19) durch, so erhält man:

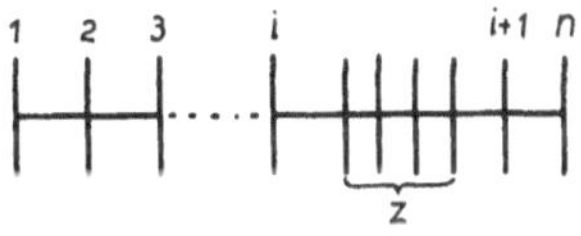

Abb. 28

*) Zu beziehen durch Lehrstuhl Prof. Dr. Grammel TH. Stuttgart, s. a. S. 96, 97.

$$E_{01} = E_{i,\,i+1};\ a_1 = a_i$$
$$E_{12} = E_{01} - a_1 \cdot \nu;\ a_2 = E_{01} + a_1 (1 - \nu)$$
$$E_{23} = E_{01} (1 - \nu) + a_1 (-2\nu + \nu^2)$$
$$a_3 = E_{01} (2 - \nu) + a_1 (1 - 3\nu + \nu^2)$$

— — — — — — — — — — — — — —

$$a_6 = E_{01} (5 - 20\nu + 21\nu^2 - 8\nu^3 + \nu^4) + a_1 (1 - 15\nu + 35\nu^2 - 28\nu^3 + 9\nu^4 - \nu^5) \quad (146)$$

$$E_{67} = E_{01} (1 - 15\nu + 35\nu^2 - 28\nu^3 + 9\nu^4 - \nu^5) + a_1 (-6\nu + 35\nu^2 - 56\nu^3 + 36\nu^4 - 10\nu^5 + \nu^6) \quad (147)$$

Man erkennt, daß im Ausdruck für a_6 der Klammerausdruck als Faktor vor a_1 mit dem Ausdruck $a_1{}^*$ übereinstimmt. Für den Ausdruck $E_{01} \cdot (5 - 20\nu + 21\nu^2 - 8\nu^3 + \nu^4)$ kann

$$\frac{E_{01}}{\nu} \cdot (5\nu - 20\nu^2 + 21\nu^3 - 8\nu^4 + \nu^5)$$

geschrieben werden; wobei der Reihenausdruck in der Klammer den negativen Wert von $E_{56}{}^*$ darstellt. Damit wird:

$$a_6 = \frac{E_{01}}{\nu} (-E_{56}{}^*) + a_1 \cdot a_6{}^* = a_1 \cdot a_6{}^* - \frac{E_{01}}{\nu} E_{56}{}^*.$$

Für E_{67} kann ohne weitere Umformung gesetzt werden:

$$E_{67} = E_{01} \cdot a_6{}^* + a_1 \cdot E_{67}{}^*$$

Die allgemeinen Gleichungen lauten:

$$a_z = a_1 \cdot a_z{}^* - \frac{1}{\nu} E_{01} \cdot E^*{}_{z-1,\,z} \quad (148)$$

$$E_{z,\,z+1} = E_{01} \cdot a_z{}^* + a_1 \cdot E^*{}_{z,\,z+1} \quad (149)$$

wenn die mit einem Stern (*) versehenen Werte die bekannten tabulierten Werte sind, die gleich sind der Werte für eine am freien Ende sich befindende homogene Masse.

Sonderfall

Bei unveränderter Gesamtanlage sei der Motor, also die homogene Masse durch $\theta' = m \cdot \theta$ und $c' = \frac{c}{n}$, womit

$$E' = \frac{e}{c/n} = n\,E$$

ersetzt, also durch einen anderen Motor. Die umfangreichen Ableitungen wurden von Didion*) ausgeführt. Der zur Verfügung stehende Raum des Bändchens läßt nur eine gekürzte Wiedergabe für den allgemeinen Fall zu.

$$E_{12} = E_{01} - m\,a_1\,\nu$$

$$a_2 = a_1 + n\,E_{12} = a_1 + n\,E_{01} - m\,n\,\nu \cdot a_1$$

$$E_{23} = E_{12} - m\,a_2\,\nu = E_{01} - m\,n\,\nu\,E_{01} - 2\,m\,a_1\,\nu + {} + m^2\,n\,\nu \cdot a_1$$

$$a_3 = a_2 + n\,E_{23} = 2\,n\,E_{01} - m\,n^2\,\nu\,E_{01} + a_1 - 3\,m\,n\,\nu\,a_1 + m^2\,n^2\,\nu^2 \cdot a_1$$

usw.

Zur Einführung der tabulierten Werte sind folgende Umformungen erforderlich:

$$a_3 = E_{01}\,(2\,n - m\,n^2\,\nu) + a_1\,(1 - 3\,m\,n\,\nu + m^2n^2\nu^2).$$

Für den zweiten Klammerausdruck erhält man, wenn für $m\,n\,\nu = \bar{\nu}$ gesetzt wird:

$$1 - 3\,\bar{\nu} + \bar{\nu}^2.$$

Dies ist aber nichts anderes als die Reihe für a_3, wenn man aus der Tabelle (Anhang, S. 100) die Werte für $\bar{\nu}$ entnimmt. Durch Erweiterung des ersten Klammerausdrucks erhält man:

$$\frac{1}{m\,\nu}\,(2\,m\,n\nu - m^2\,n^2\,\nu^2) = \frac{1}{m\,\nu}\,(2\,\bar{\nu} - \bar{\nu}^2) = \frac{1}{m\,\nu}\,(-\bar{E}_{23})$$

worin das überstrichene $\bar{E}$ der tabulierte Wert für $\bar{\nu}$ ist. Damit wird

$$a_3 = \frac{E_{01}}{m\,\nu}\,(-\bar{E}_{23}) + a_1 \cdot \bar{a}_3 = a_1\,\bar{a}_3 - \frac{1}{m\,\nu}\,E_{01} \cdot \bar{E}_{23}$$

allgemein:

$$a_i = a_1 \cdot \bar{a}_i - \frac{1}{m\,\nu}\,E_{01} \cdot \bar{E}_{i-1,\,i} \qquad (150)$$

Die Weiterrechnung liefert:

$$E_{34} = E_{01}\,(1 - 3\,m\,n\,\nu + m^2\,n^2\,\nu^2) + a_1\,(-3\,m\,\nu + {} + 4\,m^2\,n\,\nu^2 - m^3n^2\nu^3)$$

---

*) Gudrun Didion, Abiturientin 1951.

$$= E_{01}(1 - 3\bar{\nu} + \bar{\nu}^2) + \frac{a_1}{n}(-3\,m\,n\,\nu + \\ + 4\,m^2 n^2 \nu^2 - m^3 n^3 \nu^3)$$

$$= E_{01}(1 - 3\,\nu + \bar{\nu}^2) + \frac{a_1}{n}(-3\bar{\nu} + 4\bar{\nu}^2 - \bar{\nu}^3)$$

$$E_{34} = E_{01} \cdot \bar{a}_3 + \frac{a_1}{n} \cdot \bar{E}_{34};$$

schließlich:

$$E_{i,\,i+1} = E_{01} \cdot \bar{a}_i + \frac{a_1}{n} \cdot \bar{E}_{i,\,i+1} \qquad (151)$$

Befindet sich die homogene Masse am freien Ende und beginnt man mit ihr die Durchrechnung, so erhält man wegen $E_{01} = 0$; $a_1 = 1$

$$a_i \quad = \bar{a}_i$$

$$E_{i,\,i+1} = \frac{1}{n} \cdot \bar{E}_{i,\,i+1}.$$

Die vorangehenden Abschnitte bringen interessante mathematische Lösungen für die homogene Maschine zur Ersparung der zeitraubenden Durchrechnung des schrittweisen Verfahrens, des „Strumpfes". Jedes hat seine Vor- und Nachteile. Die Durchführung verlangt Arbeitskräfte, die den Stoff beherrschen, wenn nicht gerade gleiche Anlagen mit nur anderen Zahlenwerten zu berechnen sind. Das schrittweise Verfahren, gleich welcher Art — das Tolle'sche ist vielleicht das übersichtlichste — erfordert nur sicheres Multiplizieren (Rechenschieberrechnen) und Addieren; es kann von Hilfskräften ausgeführt werden, wenn in das Schema die Hauptwerte $\theta\,\omega^2$ eingetragen sind; die c-Werte sind die gleichen für alle ω.

Wird diese Rechnung nach Tolle auch rückwärts ausgeführt, so liegen alle Werte vor für Abänderungen an der Anlage oder zur Berechnung der Amplituden.

Die Wirtschaftlichkeit dürfte also einen wesentlichen Einfluß auf die Wahl des Verfahrens haben.

4. Zusammengesetzte Maschinenanlagen

41 Wellenverzweigung nach Tolle

Dieser Fall der Wellenverzweigung kommt vor, wenn zwei Motore auf eine gemeinsame Arbeitswelle wirken. Dabei wollen wir zunächst zur Vereinfachung annehmen, daß keine Übersetzung zwischen den Wellensträngen vorhanden ist.

Bisher rechneten wir das Schema durch bis zur letzten Schwungscheibe und fanden ein Restmoment R, das zur Hervorrufung der berechneten Schwingungsamplituden für die Anfangsamplitude erforderlich ist. Für $R = 0$ ergeben sich die Eigenschwingungszahlen.

Wir wählen nun zunächst die in Abb. 29 wiedergegebene Anlage, in der 3 und 4 Zahnräder (1:1) sein sollen. Beginnt man bei 1 mit $a_1 = 1$, so ergibt die Rechnung in 3 ein Restmoment R' und die Amplitude a_3. Wir rechnen nun weiter, in 6 beginnend, mit $a_6 = 1$ nach links zu und erhalten R'' in 4 und a_4. Da in 3 und 4 Zahnräder 1 : 1 vorhanden sind, muß $a_3 = a_4$ sein. Es ist also erforderlich, die Restmomente auf gleiche Amplitude umzurechnen. Zweckmäßig wählt man $a_3 = a_4 = 1$ und erhält die Restmomente R'/a_3 und R''/a_1.

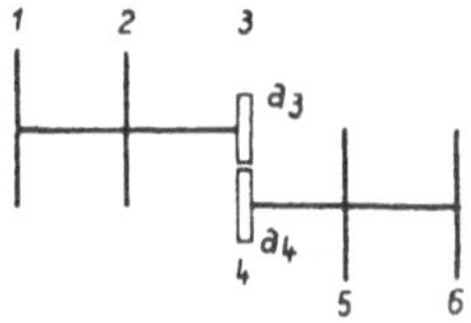

Abb. 29

Im Getriebe wirkt nun das resultierende Restmoment:

$$R = \frac{R'}{a_3} + \frac{R''}{a_4} \tag{152}$$

Führen wir diese Berechnung für verschiedene ω durch, so erhalten wir wieder die Eigenfrequenzen, wenn $R = 0$ wird.

In gleicher Weise rechnen wir bei einer Verzweigung, wie sie Abb. 30 zeigt.

Für jeden Wellenstrang erhalten wir R'; R'' und R''', ferner a', a'' und a'''. Hieraus ergibt sich das Restmoment zu:

$$R = \frac{R'}{a'} + \frac{R''}{a''} + \frac{R'''}{a'''} \tag{153}$$

das zu Null wird für $\omega = \omega_e$, wenn ω_e die Eigenfrequenz ist.

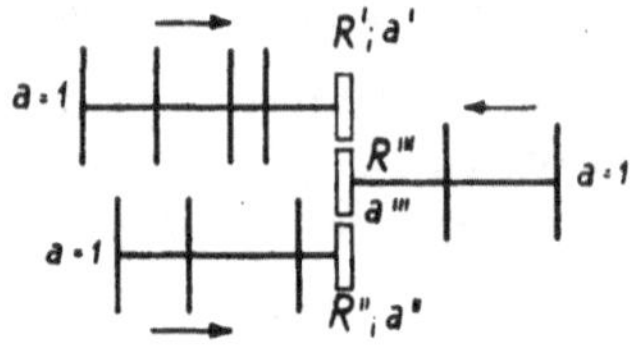

Abb. 30

Es ist jedoch noch folgende Rechnungsart möglich. Man berechnet, vom freien Ende aus beginnend, die Wellenstränge I und II durch bis zur Verzweigungsstelle und von hier aus weiter mit den auf den Einheitsausschlag umgerechneten Restmomenten den Strang III und erhält am freien Ende von III das Restmoment R.

Bezeichnet man die Scheiben von III, von der Verzweigungsstelle an gerechnet, mit 1 bis 3, so gestaltet sich die Rechnung wie folgt. Auf S. 19 fanden wir:

$$e_{12} = e_{01} - \theta_1\, \omega^2\, a_1.$$

Für das freie Ende war $e_{01} = 0$; in unserem Fall müssen wir einsetzen:

$$e_{01} = \frac{R'}{a'} + \frac{R''}{a''}$$

und erhalten, da $a_1 = 1$ ist:

$$e_{12} = \frac{R'}{a'} + \frac{R''}{a''} - \theta_1 \cdot \omega^2 \cdot 1$$

$$a_2 = 1 + \frac{e_{12}}{c_{12}}$$

usw. bis

$$e_{34} = R.$$

Ist das Übersetzungsverhältnis nicht 1:1, so ist zuerst die Reduktion nach Abb. 35 S. 63 und I 3217 vorzunehmen, womit dieses wieder 1:1 wird.

Tolle hat, wie er dem Verfasser einst mitteilte, auch Reständerungsformeln für die Wellenverzweigung aufgestellt. Diese sind durch die Ereignisse des Jahres 1945 verloren gegangen. Es wäre zu begrüßen, diese neu aufzustellen, als Aufgabe für eine Doktorarbeit.

42 Schaltungen von Grammel [4; 14]

Grammel hat für über zwanzig Maschinenschaltungen die Frequenzfunktionen mit Hilfsfunktionen aufgestellt. Es geht leider über den Rahmen des Bändchens hinaus, diese wiederzugeben. Damit der Leser jedoch weiß, für welche Schaltungen diese vorliegen, um in der Originalarbeit nachsehen zu können, sind diese in den folgenden Abbildungen zusammengestellt.

a) hintereinander geschaltete Maschinen:
für VI bis XI in Abb. 31.

Die Durchrechnung könnte auch nach einem der in 22 und 24 angegebenen schrittweisen Schema erfolgen, gegebenenfalls mit Anwendung des Verfahrens in 34.

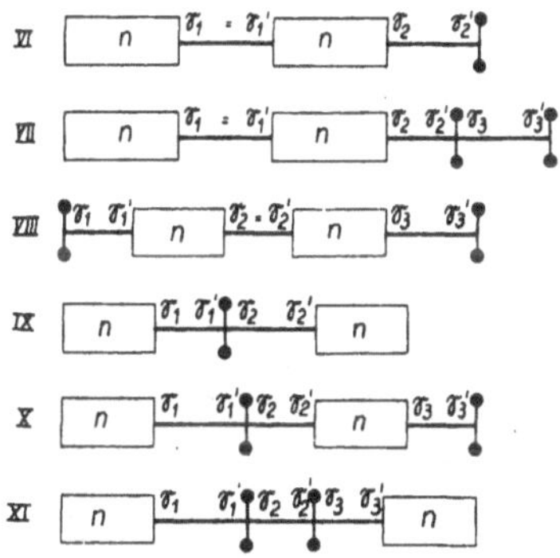

Abb. 31

b) Parallel geschaltete Maschinen:
für XII bis XIX in Abb. 32a; 32b.

Die Maschinen a) und b) haben gleiche Frequenzgleichungen; bei b) darf natürlich nur das Massenträgheitsmoment des einen Ritzels eingesetzt werden. Die Berechnung kann auch nach 41 durchgeführt werden.

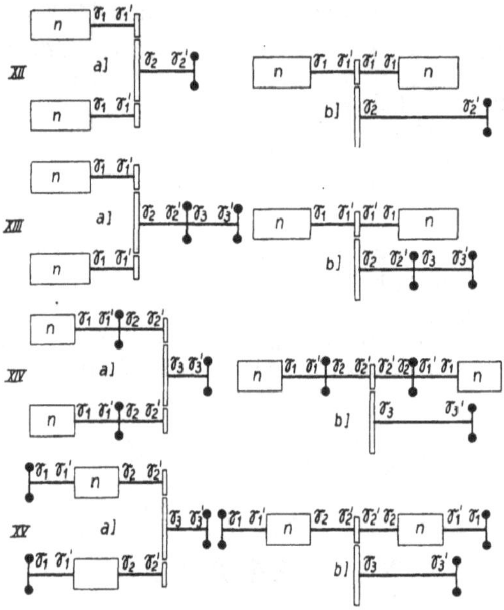

Abb. 32 a

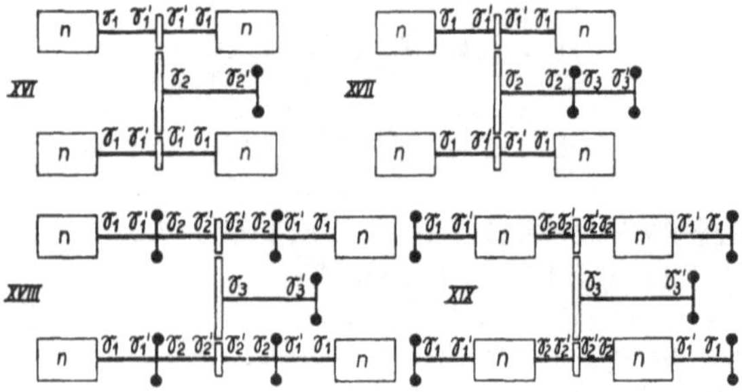

Abb. 32 b

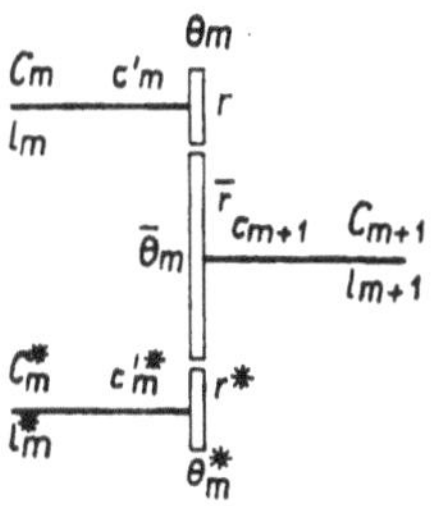

Abb. 33

Für die wichtige Schaltung der Maschine XIII a und b sollen die Funktionsgleichungen angegeben werden:

Voraussetzung: gleiche Ritzelwerte $\theta = \theta^*$ und gleiche Untersetzungsverhältnisse $\varepsilon = \varepsilon^*$.

Mit den in Abb. 33 angegebenen allgemeinen Getriebewerten ist:

$$\begin{aligned} c'_m &= \frac{\varepsilon^2 C_m}{l_m(\bar{\theta}_m + \varepsilon^2 \theta_m + \varepsilon^{*2} \theta_m^*)} \\ c'_m{}^* &= \frac{\varepsilon^{*2} C_m}{l_m^*(\bar{\theta}_m + \varepsilon^2 \theta_m + \varepsilon^{*2} \theta_m^*)} \\ c'_{m+1} &= \frac{C_m +_1}{l_{m+1}(\bar{\theta}_m + \varepsilon^2 \theta_m + \varepsilon^{*2} \theta_m^*)} \end{aligned} \tag{154}$$

Mit den obigen Voraussetzungen $\theta = \theta^*$ und $\varepsilon = \varepsilon^*$ wird:

$$\begin{aligned} c_m' &= \frac{\varepsilon^2 C_m}{l_m(\bar{\theta}_m + 2\,\varepsilon^2 \theta_m)} \\ c_m'^* &= \frac{\varepsilon^2 C_m^*}{l_m^*(\bar{\theta}_m + 2\,\varepsilon^2 \theta_m)} \\ c_{m+1} &= \frac{C_{m+1}}{l_{m+1}(\bar{\theta}_m + 2\,\varepsilon^2 \theta_m)} \end{aligned} \tag{155}$$

Sind beide Motorenseiten gleich $C_m = C_m^*$; $l_m = l_m^*$, so wird außerdem $c_m' = c_m'^*$.

Wie bei der einfachen Maschine ist:

$$\zeta' = \zeta - (\gamma_1 + \gamma_1'); \; \zeta'' = \zeta - (\gamma_2 + \gamma_2'); \; \zeta''' = \zeta - (\gamma_3 + \gamma_3')$$

Hilfsfunktionen:

$$\begin{aligned} \bar{\zeta}' &= \zeta - \gamma_1 \\ \bar{\zeta}'' &= \zeta + \gamma'_2 - \gamma'_2{}' \\ \zeta^* &= \bar{\zeta}'' \cdot \zeta''' - \gamma_2' \cdot \gamma_3 \\ \zeta^{\mathrm{II}} &= \zeta'' \zeta''' - \gamma'_2{}' \cdot \gamma'_3, \\ \zeta^{\mathrm{III}} &= \zeta' \zeta^{\mathrm{II}} - \gamma_1' \cdot \gamma^* \end{aligned}$$

1. Frequenzgleichung:

$$\varphi_{n'+3} = \zeta^{III} \cdot \varphi_n - \gamma_1 \cdot \zeta^{II} \cdot \varphi_{n-1} \tag{156}$$

2. Frequenzgleichung:

$$\varphi_{n''+1} = \bar{\zeta}' \cdot \varphi_n - \gamma_1 \cdot \varphi_{n-1} \tag{157}$$

Bei der 1. Frequenzgleichung schwingen beide Maschinen in gleicher, bei der 2. in entgegengesetzter Phase.

Im Falle b) darf, wie schon erwähnt, nur θ des einen Ritzels eingesetzt werden:

Maschine XVIII hat gleiche Formeln wie XIII, nur muß für:

$$\zeta'' = 3 \cdot \zeta + \gamma_2 - 3 \cdot \gamma_2' \text{ und}$$

$$\zeta = \bar{\zeta}'' \cdot \zeta''' - 3 \cdot \gamma_2' \cdot \gamma_3$$

eingesetzt werden.

c) Maschinen mit Verzweigungsgetriebe:
für XX bis XXIII in Abb. 34.

Auch hier ist die Umformung auf gleiche Drehzahl, also auf ein Übersetzungsverhältnis 1:1 durchzuführen.

Ferner ist Berechnung nach 41, S. 55, möglich.

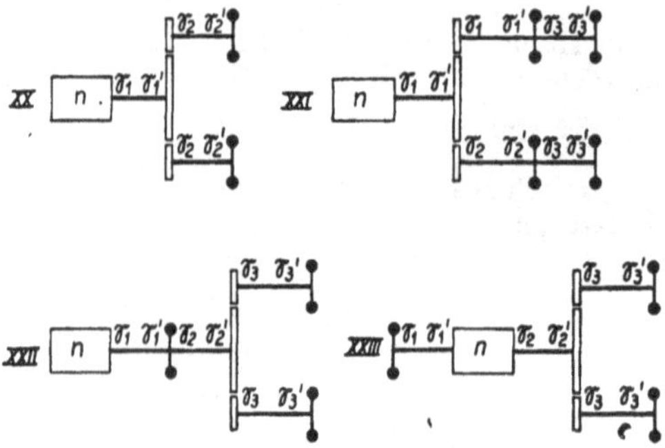

Abb. 34

5. Berechnungsbeispiele

51 Ermittlung der Grundwerte

Im folgenden sind die Bestimmungsmethoden der für die eigentliche Schwingungsberechnung erforderlichen Werte zusammengestellt: es sind dies die Größen c und θ.

Richtmoment: c kgcm.

Aus der Festigkeitslehre ist für eine kreisförmige Welle

$$c = \frac{J_p \cdot G}{l}\text{*)}, \text{ worin}$$

G = Gleitmodul des Materials (kg/cm²), z. B. Stahl: 830 000,
J_p = polares Flächenträgheitsmoment (cm⁴),

für Kreis: $J_p = \pi\, d^4/32$

Kreisring: $J_p = \pi\,(D^4 - d^4)/32$

wenn D und d die Durchmesser sind in cm; l Länge des Wellenstückes in (cm).

Bei zusammengesetzten Wellenstücken ist:

$$\frac{1}{c} = \frac{1}{c_1} + \frac{1}{c_2} + \frac{1}{c_3} + = \Sigma \frac{1}{c_i} \text{ (vgl. I 3212).}$$

Bei Kupplungen kann die Bestimmung oft rechnerisch erfolgen, sonst durch Versuch mit der bekannten Spiegelablesung.

Kurbelwellen. Hierfür liegen Reduktionsformeln von Geiger, Grammel, Carter u. a. vor. Die von Carter angegebene Formel, gewonnen aus vielen Messergebnissen, gibt für die auf den Kurbelradius reduzierte Länge:

$$l_r = a\frac{J_r}{J_w} + 2\left(0{,}4 \cdot h \cdot \frac{J_r}{J_w} + 0{,}637 \cdot r\frac{J_r}{J_A}\right) + \frac{3}{4} \cdot u \cdot \frac{J_r}{J_z} \quad (158)$$

wenn:

a = Länge des Wellenzapfens, u = Länge des Kurbelzapfens, h = axiale Dicke des Schenkels, b = Breite des Schenkels, r = Kurbelhalbmesser, J_r, J_w und J_z die polaren Flächenträgheitsmomente der Einheitswelle, des Wellen-

*) In Uhlands Ingenieur-Taschenbuch, Abschnitt: Festigkeitsberechnung, ist z. B. eine für Schwingungsberechnungen zugeschnittene Tabelle enthalten.

zapfens und des Kurbelzapfens sind und J_A das äquatoriale Flächenträgheitsmoment ($h\,b^3/12$) des Kurbelschenkels ist.

Nach den Erfahrungen des Verfassers ist die experimentelle Ermittlung vorzuziehen; bei den modernen Kurbelwellen scheint diese nicht zu umgehen zu sein. Man legt die Welle in die Lager des unteren Gehäuses, belastet sie mit einem reinen Drehmoment und bestimmt die Verdrehung mehrerer Kröpfungen mittels Spiegelablesung und rechnet diesen Wert schließlich auf eine Kröpfung um.

Massenträgheitsmoment θ kg cm s²

Definiert als Produkt der Masse m mit dem Quadrat deren Abstand r von einer Achse

$$\theta = \int r^2\,dm \quad \text{oder} \quad \theta = m \cdot r^2$$

wenn der Träger der Masse mit der Länge r als masselos betrachtet werden kann. Zwei wichtige Sätze seien erwähnt:

1. Trägheitsmomente (Flächen- und Massenträgheitsmomente) auf die gleiche Achse bezogen, können algebraisch addiert werden.
2. Steiner'scher Satz: $\theta_s = \theta - m\,a^2$, wenn θ_s das Trägheitsmoment auf die Schwerpunktachse bezogen ist, θ dasjenige auf eine dazu parallele Achse im Abstand a und m die Masse ist. Bei Umrechnung von einer Achse I auf eine beliebige parallele Achse II ist θ_{I} zuerst auf θ_s und θ_s auf θ_{II} umzurechnen (I 312 und I 3232).

Geometrisch einfache Körper: rechnerisch nach I 3232; dieser Abschnitt erhält auch die jeweiligen Ersatzsysteme.

Zahnräder, Kupplungen, Propeller u. ä.: durch Schwingungsversuch am zweckmäßigsten nach I 315 mit zwei oder drei Aufhängeseilen. Hierbei ist zu beachten, daß diese sehr flexibel sind, um das Einspannmoment vernachlässigen zu können. Durch geeignete Wahl von l erhält man lange Schwingungszeiten, die selbst mit einfachen Stoppuhren genau ermittelt werden können.

Kurbelwellen: nach I 315.

Die Trägheitsmomente der nicht zur Kröpfung gehörenden Wellenteile sind abzurechnen.

Die hin- und hergehenden Teile, Kolben und Pleuel, sind wie folgt aufzuteilen. Mit θ, dem Massenträgheitsmoment der Pleuelstange bezogen auf die Mitte des Zylinderbolzens bzw. Kreuzkopfbolzens ermittelt nach I 312, Abb. 27, kann die Masse der Pleuelstange ersetzt werden durch einen rotierenden Anteil $m_r = \theta/l^2$ im Kurbelzapfen, wenn l der Abstand Mitte Zylinderbolzen und Kurbelzapfen ist und einen hin- und hergehenden Anteil $m_h = m - m_r$ im Zylinderbolzen, wenn m die Masse der Pleuelstange ist. Von den hin- und hergehenden Teilen, Kolbenmasse m_K und m_h ist nach Geiger [12] die Hälfte einzusetzen. Mit dem für die Kröpfung ermittelten Wert θ_K ergibt sich für das für einen Zylinder einzusetzende Massenträgheitsmoment

$$\theta_{\text{gesamt}} = \theta_K + m_r \cdot r^2 + \frac{1}{2}(m_K + m_h) \cdot r^2$$

wenn r der Kurbelradius ist.

Befindet sich zwischen Motor und Arbeitsmaschine ein Getriebe, so ist nach I 3217 ein Wellenteil auf den anderen zu reduzieren. Abb. 35 gibt schematisch die Umrechnung.

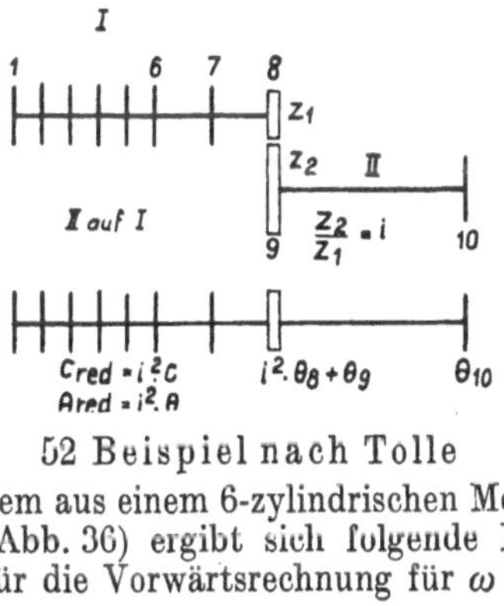

Abb. 35

52 Beispiel nach Tolle

Für ein System aus einem 6-zylindrischen Motor mit 2 Zusatzscheiben (Abb. 36) ergibt sich folgende Durchführung des Schemas für die Vorwärtsrechnung für $\omega = 300$:

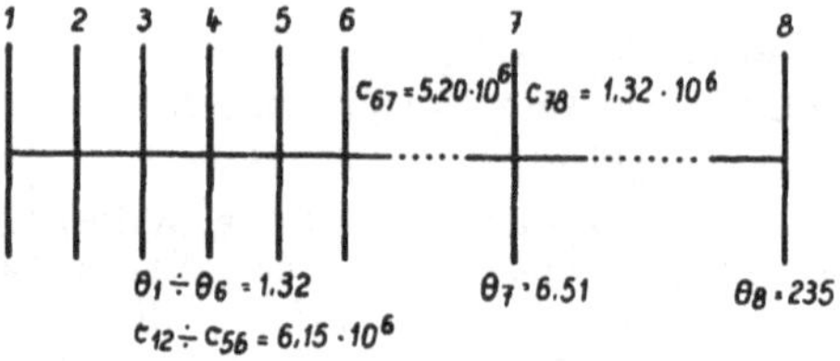

Abb. 36

Es sind:

$\theta_1 \div \theta_6 = 1{,}32$ kg cm s² | $\theta_1 \omega^2 \div \theta_6 \omega^2 = 0{,}1180 \cdot 10^6$ kg cm/s²

$\theta_7 = 6{,}51$ | $\theta_7 \cdot \omega^2 = 0{,}5859 \cdot 10^6$

$\theta_8 = 235$ | $\theta_8 \cdot \omega^2 = 21{,}15 \cdot 10^6$

$c_{12} \div c_{56} = 6{,}15 \cdot 10^6$ kg cm

$c_{67} = 5{,}20 \cdot 10^6$

$c_{78} = 1{,}32 \cdot 10^6$

$\omega = 300 = 3 \cdot 10^2 \qquad \omega = 9 \cdot 10^4$

	e 10^6	c	$\theta\omega^2$ 10^6	a	
	− 0,1188		− 0,1188 ·	+ 1,0000	1
12	− 0,1188	: 6,15		− 0,0193	
	− 0,1165		− 0,1188 ·	+ 0,9807	2
23	− 0,2353	: 6,15		− 0,0382	
	− 0,1120		− 0,1188 ·	+ 0,9424	3
34	− 0,3473	: 6,15		− 0,0565	
	− 0,1052		− 0,1188 ·	+ 0,8859	4
45	− 0,4525	: 6,15		− 0,0735	
	− 0,0965		− 0,1188 ·	+ 0,8123	5
56	− 0,5490	: 6,15		− 0,0826	
	− 0,0867		− 0,1188 ·	+ 0,7296	6
67	− 0,6357	: 5,20		− 0,1223	
	− 0,3558		− 0,5859 ·	+ 0,6073	7
78	− 0,9915	: 1,32		− 0,7511	
	+ 3,0393		− 21,15 ·	− 0,1437	8
89 R	+ 2,0478				

$R/\omega^2 = + 2{,}0478 \cdot 10^6/9 \cdot 10^4 = + 22{,}76$

Das Rechenschema für $\omega = 100;\ 200;\ 300$ bis $\omega = 4200$ durchgeführt*), liefert die Restmomentwerte R und die Werte R/ω^2 als Funktion von ω. In Abb. 37 als Kurve aufgetragen, erhält man die $n - 1 = 7$ Kreisfrequenzwerte ω als Nullstellen der Funktion, als Schnittpunkt der Kurve mit der ω-Achse. Für $\omega \to 0$ ist nach I 3216 S. 62

$$R/\omega^2 = \sum_{1}^{8} \theta = 249{,}4$$

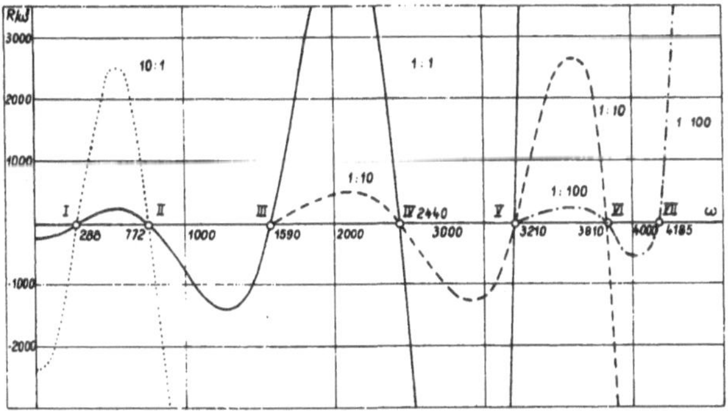

Abb. 37

Die ermittelten Eigenfrequenzen sind:

$\omega_{\text{I}} = 288 \qquad \omega_{\text{II}} = 772 \qquad \omega_{\text{III}} = 1590 \qquad \omega_{\ \text{V}} = 2440$

$\omega_{\text{V}} = 3210 \qquad \omega_{\text{VI}} = 3810 \qquad \omega_{\text{VII}} = 4185$

Da auch hier die R/ω^2-Werte sich stark ändern (bei $\omega = 4100$ ist $R/\omega^2 = -4{,}40 \cdot 10^4$), sind Maßstabsänderungen beim Auftragen erforderlich, die in der Abbildung eingetragen sind. In Abb. 38 ist lg (R/ω^2)°) als Funktion von ω aufgetragen, beginnend mit ± 1 auf der ω-Achse. Wie man erkennt, entstehen scharfe, fast senkrechte Schnittpunkte, auch wenn

*) Durchgerechnet als Gemeinschaftsarbeit 5. Maschinenbau-Semester, Sommersemester 1938, am Bad. Staatstechnikum Karlsruhe.

°) Die Verwendung ein- oder zweifach logarithmischer Darstellung bietet keine Schwierigkeit mit den logarithmischen Dreikant-Maßstäben mit den Einheitslängen 250; $166^2/_3$; 125, $83^1/_3$; $62^1/_2$; $31^1/_4$ und 200; 150; 100; 75; 50; 25, die Albert Nestler auf Vorschlag des Verfassers angefertigt hat.

man für ω einen größeren Maßstab wählen würde oder man mit $\pm$ 10 oder $\pm$ 100 auf der ω-Achse beginnen würde. Sind nur die Eigenfrequenzen zu berechnen, meist genügen die ersten drei oder vier, so genügt die Durchrechnung des Schemas für drei in der Nähe der Eigenfrequenzen liegenden ω.

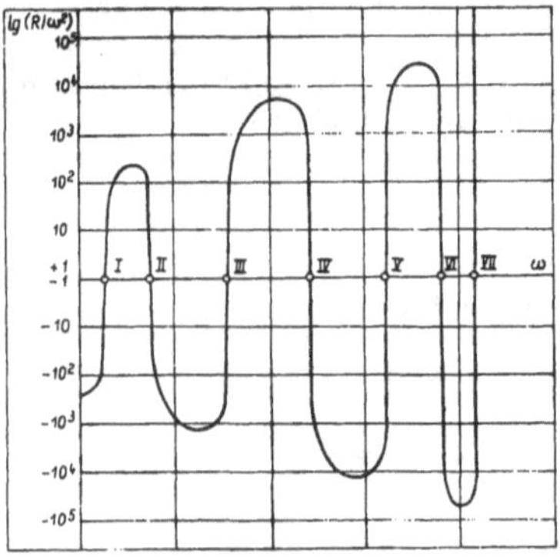

Abb. 38

Sind Änderungen am schwingenden System, an der Anlage, zu erwarten entweder aus konstruktiven Gründen oder weil eine der Eigenfrequenzen Anlaß zu einer Resonanzgefahr gibt, so muß, um die Reständerungsformeln anwenden zu können, die Rückwärtsrechnung (221, S. 19) durchgeführt werden. Liegt diese vor, so kann in kurzer Zeit jede Änderung (222, S. 22) berücksichtigt werden.

Das Massenträgheitsmoment θ_7 soll um ϑ_7 vergrößert werden. Nach 222, S. 22 ergibt sich die neue R'/ω^2-Kurve aus

$$R'/\omega^2 = R/\omega^2 + [-\vartheta_7 \cdot a_7 \cdot (a_7)] = R/\omega^2 + \varrho/\omega^2,$$
$$\text{wenn } \varrho = -\vartheta_7 \cdot a_7 \cdot (a_7) \text{ ist.}$$

Man hat also das Produkt $a_7 \cdot (a_7)$ zu berechnen, das Produkt der Ausschläge der Masse 7 bei Vor- und Rückwärtsrechnung und multipliziert dieses Produkt mit ϑ_7. Je nach Größe von θ_7 wählt man zunächst für $\vartheta_7 = 1$; 10 oder 100, was den Vorteil bietet, daß man verschiedene Veränderungen lediglich durch proportionale Änderung der Ordinaten durchführen kann. Zur bereits ermittelten R/ω^2-Kurve addiert man dann die negativ aufgetragene $\vartheta_7 \cdot a_7 \cdot (a_7)$-Kurve. In Abb. 39 ist die R/ω^2-Kurve (——) aufgetragen und die negative ϱ/ω^2-Kurve (.....) für $\vartheta_7 = 1$, d. h. für eine Vergrößerung von $\theta_7 = 6{,}51$ auf $\theta_7 = 6{,}51 + 1 = 7{,}51$. Addiert man die 3-fachen Ordinaten von ϱ/ω^2 zu R/ω^2, so erhält man die neue Restmomentkurve R'/ω^2 (—·—·—) für $\theta_7' = 6{,}51 + 3 = 9{,}51$.

Die neuen Eigenfrequenzen ergeben sich zu $\omega_I' = 262$ und $\omega_{II}' = 700$.

Die R''/ω^2-Kurve (—··—··—) gilt für $\theta_7'' = 6{,}51 - 1 = 5{,}51$, also für eine Verminderung um 1.

Aus der Nebenabbildung ist der Verlauf von ω_I und ω_{II} für $\vartheta = -1$ bis $\vartheta = +3$ zu ersehen.

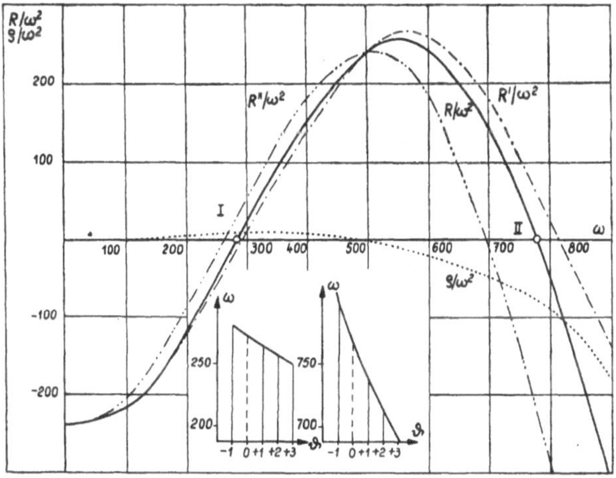

Abb. 39

In ähnlicher Weise wird verfahren für Änderungen der c-Werte (vgl. die Formeln Gl. (34) ff.; S. 23). Ist die Vor- und Rückwärtsrechnung durchgeführt, so kann nach Gl. (52) ff., S. 26, auch die Winkelamplitude in i durch ein Moment in k berechnet werden.

Die Berechnung mit der Formel für die homogene Maschine (31, S. 33) erhält man für 5 Felder mit den Feldwerten $\theta^* \equiv 6/5 \cdot 1{,}32$ und $c^* = 6{,}15 \cdot 10^6$ die unten stehenden Eigenfrequenzen, verglichen mit den Werten der direkten Schema-Rechnung:

Schema:	290	772	1590	2440	3210
homogen:	290	820	1690	2710	3850
Fehler:	0 %	6,2 %	6,2 %	11,1 %	20,0 %

Also nur die erste Eigenfrequenz kann als gesichert betrachtet werden.

53 Beispiel nach Grammel

In Abb. 40 sind die Systemwerte für das bereits in 52 durchgerechnete Beispiel eingetragen, einschließlich der [c]-Werte.

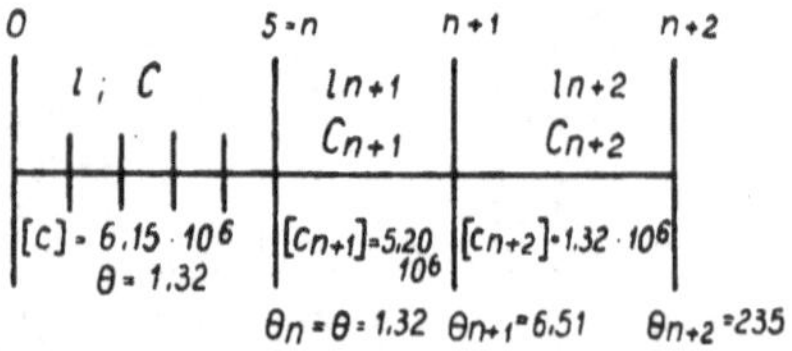

Abb. 40

Bei Reduktion auf eine Welle mit gleichem polaren Flächenträgheitsmoment J_p ist $C_1 = C_2 = \cdots = C =$ konstant. Die Längen der Wellenstücke l sind indirekt proportional den im Bändchen benutzten [c]-Werten. Bezieht man die Werte auf die des Einzelsystems der homogenen Maschine l und θ, so erhält man die in Abb. 41 eingetragenen Werte.

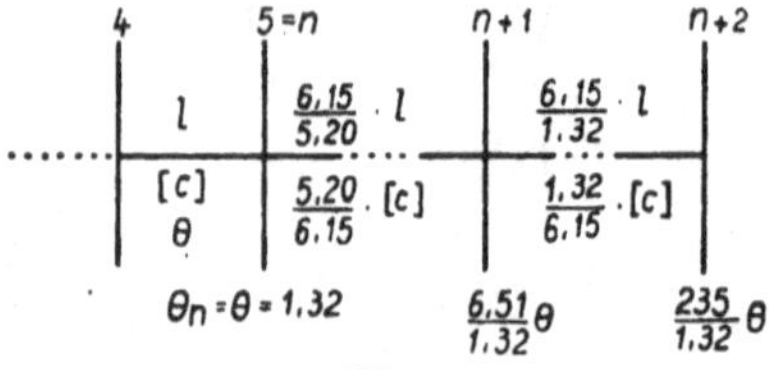

Abb. 41

Damit wird nach 32, S. 36:

$$\gamma_1 = \frac{c_{n+1}}{c} = \frac{l}{l_{n+1}} \cdot \frac{\theta}{\theta_n} = 0{,}845 \cdot 1 = 0{,}845$$

$$\gamma_1' = \frac{c'_{n+1}}{c} = \frac{l}{l_{n+1}} \cdot \frac{\theta}{\theta_{n+1}} = 0{,}845 \cdot \frac{1{,}32}{6{,}51} = 0{,}171$$

$$\gamma_2 = \frac{c_{n+2}}{c} = \frac{l}{l_{n+2}} \cdot \frac{\theta}{\theta_{n+1}} = 0{,}0435; \gamma_2' = \frac{c_{n+2}}{c} = \frac{l}{l_{n+2}} \cdot \frac{\theta}{\theta_{n+2}} = \\ = 0{,}00121.$$

Für eine Zusatzmasse würde die Weiterrechnung ergeben:
Hilfsfunktion: $\zeta' = \zeta - (\gamma_1 + \gamma_2) = \zeta - 1{,}016$
Frequenzfunktion: $\varphi_{n+1}' = \zeta' \cdot \varphi_n - \gamma_1 \cdot \varphi_{n-1}$

$$\varphi_6' = (\zeta - 1{,}016) \cdot \varphi_5 - 0{,}845 \cdot \varphi_4$$

Die Nullstellen der Funktion ($\varphi'_6 = 0$) ergeben deren Eigenwerte.

Zweckmäßiger ist die Funktion in zwei Funktionen zu zerlegen, also in:

$$y_1 = (\zeta - 1{,}016) \cdot \varphi_5 \text{ und } y_2 = 0{,}845 \cdot \varphi_4$$

so daß: $(\zeta - 1{,}016) \cdot \varphi_5 = 0{,}845 \cdot \varphi_4$

ist. Die Eigenwerte ergeben sich dann aus den Abszissen der Schnittpunkte beider Kurven.

Die Durchführung der Rechnung erfolgt am einfachsten mit folgender Tabelle für verschiedene ζ-Werte mit den tabulierten Werten φ_5 und φ_3.

ζ	φ_5	$\zeta \cdot \varphi_5$ (1)	$-1{,}016\varphi_5$ (2)	y_1 (1) + (2)		φ_4	y_2 $0{,}845\,\varphi_4$
0	−6,000	0	+6,11	+6,11		+5,000	+4,22
⋮	⋮	⋮	⋮	⋮		⋮	⋮
0,05	−4,386	−0,219	+4,46	+4,24		+4,052	+3,42
0,1	−3,025	−0,303	+3,08	+2,78		+3,202	+2,62
⋮	⋮	⋮	⋮	⋮		⋮	⋮

Die derart ermittelten Werte sind in Abb. 42 aufgetragen. Für die Schnittpunkte beider Kurven erhält man die Abszissenwerte $\zeta_{\text{I}} = 0{,}115$ und $\zeta_{\text{II}} = 0{,}530$, aus denen sich nach $\omega_i = \omega\sqrt{\zeta_i}$ mit $\omega = \sqrt{c/\theta} = \sqrt{6{,}15 \cdot 10^6/1{,}32} = 2160$ die Kreiseigenfrequenzen berechnen zu $\omega_{\text{I}} = 2160\sqrt{0{,}115} = 734$ und $\omega_{\text{II}} = 1570$.

In der Abbildung ist auch die Kurve

$$y = \varphi'_6 = (\zeta - 1{,}016) \cdot \varphi_5 - 0{,}845 \cdot \varphi_4$$

eingetragen, deren Schnittpunkte mit der ζ-Achse die gleichen Eigenwerte ergeben.

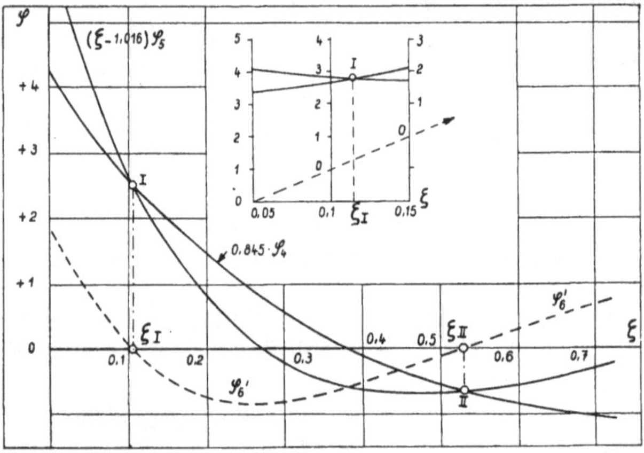

Abb. 42

In der Nebenabbildung ist die Ermittlung von ζ_{I} genauer durchgeführt bei Anwendung schiefwinkliger Koordinaten.

Die Berechnung des eigentlichen Beispiels „6-zylindrischer Motor plus zwei Zusatzmassen" nimmt folgenden Verlauf:

Hilfsfunktionen:

$$\zeta' = \zeta - (\gamma_1 + \gamma_1') = \zeta - 1{,}016$$

$$\zeta'' = \zeta - (\gamma_2 + \gamma_2') - \zeta - 0{,}0447$$

$$\zeta^{\mathrm{II}} = \zeta' \cdot \zeta'' - \gamma_1' \cdot \gamma_2$$

$$\zeta^{\mathrm{II}} = (\zeta - 1{,}016)(\zeta - 0{,}0447) - 0{,}171 \cdot 0{,}0435$$

$$\zeta_{\mathrm{II}} = \zeta^2 - 1{,}061\,\zeta + 0{,}0380$$

Frequenzfunktion:

$$\varphi_{n+2}'\ \zeta^{\mathrm{II}} \cdot \varphi_n + \gamma_1 \cdot \zeta'' \cdot \varphi_{n-1}$$

$$\varphi_7' = (\zeta^2 - 1{,}061\,\zeta + 0{,}0380)\,\varphi_5 - 0{,}845\,(\zeta - 0{,}0447)\,\varphi_4$$

schließlich:

$$(\zeta^2 - 1{,}061\,\zeta + 0{,}0380)\,\varphi_5 = 0{,}845\,(\zeta - 0{,}0378)\,\varphi_4$$

Zur Durchrechnung verwendet man wieder Tabellen, z. B. mit den unten angegebenen Köpfen.

ζ	ζ^2	φ_5	$\zeta^2\varphi_5$ (1)	$\zeta\varphi_5$	$-1{,}061\,\zeta\varphi_5$ (2)	$0{,}0380\,\varphi_5$ (3)	y_1 (1) + (2) + (3)
0	0	−6,000	0	0	0	−0,228	−0,228

ζ	φ_4	$\zeta\varphi_4$	$0{,}845\,\zeta\varphi_4$ (1)	$-0{,}0378\,\varphi_4$ (2)	y_2 (1) + (2)
0	+5,000	0	0	−0,1985	−0,1985

Die in Abb. 43 aufgetragenen Kurven y_1 und y_2 liefern die Schnittpunkte an den Stellen

$$\zeta_{\mathrm{I}} = 0{,}0178 \qquad \zeta_{\mathrm{II}} = 0{,}127 \qquad \zeta_{\mathrm{III}} = 0{,}543$$

aus denen sich die 3 ersten Kreiseigenfrequenzen ergeben zu:

$$\omega_{\mathrm{I}} = 288; \qquad \omega_{\mathrm{II}} = 777; \qquad \omega_{\mathrm{III}} = 1590$$

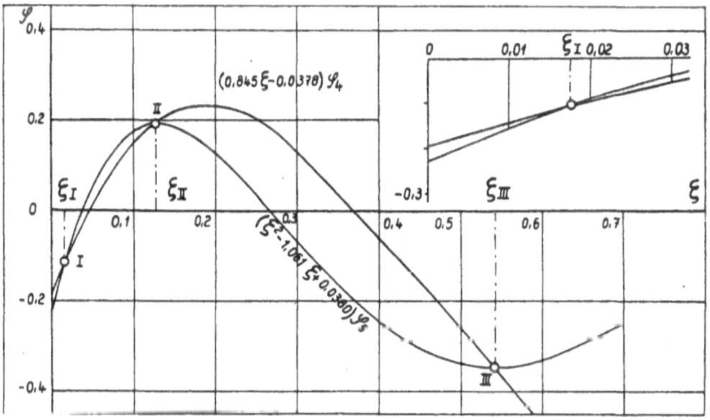

Abb. 43

Die genauere Berechnung von ζ_I ist in der Nebenabbildung durchgeführt.

In Abb. 44 sind die Kurven halblogarithmisch, über lg ζ aufgetragen*); ζ_I und ζ_{II} sind genau ablesbar, ζ_{III} dagegen trotz des scharfen Schnittpunktes weniger genau.

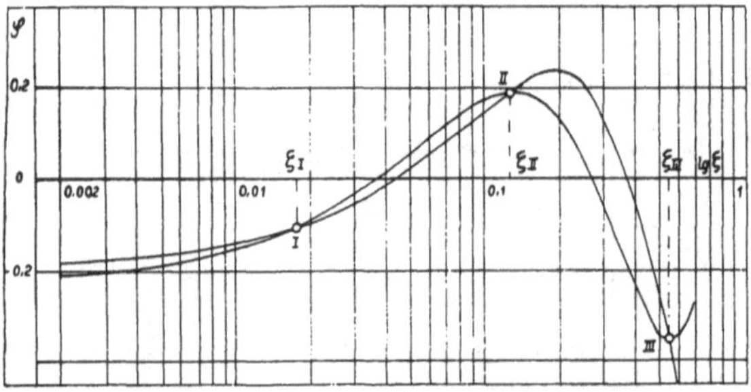

Abb. 44

54 Beispiel nach Kraemer-Frank-Arnold

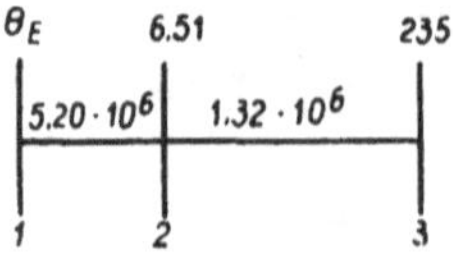

Abb. 45

Mit den Werten für das bereits behandelte Beispiel ergibt sich eine Reduktion auf 3 Massen nach Abb. 45.

Für das Teilsystem der homogenen Maschine ist

$$\omega_T^2 = \omega_0^2 = \frac{c_0}{\theta_0} = \frac{6{,}15 \cdot 10^6}{6{,}51} = 4{,}66 \cdot 10^6$$

Zum Aufzeichnen der Hyperbel sind folgende Werte erforderlich:

a) schräge Asymptote:

$$\frac{\theta_0}{\theta_2} = \frac{1{,}32}{6{,}51} = 0{,}202; \quad \frac{c_{12}}{c_0} \cdot \frac{\theta_0}{\theta_2} = \frac{5{,}20}{6{,}15} \cdot \frac{1{,}32}{6{,}51} = 0{,}171$$

*) siehe Fußnote auf S. 65.

b) senkrechte Asymptote:

$$\frac{c_{12}}{c_0} \cdot \frac{\theta_0 (\theta_2 + \theta_3)}{\theta_2 \cdot \theta_3} = \frac{1,32}{6,15} \cdot \frac{1,32\,(6,51 + 235)}{6,51 \cdot 235} = 0,0457$$

c) Hyperbelpunkt P:

$$\frac{\theta_0}{\theta_2 + \theta_3} = \frac{1,32}{6,15 + 235} = 0,00548.$$

Diese Werte trägt man in das Arbeitsblatt A 29*) ein, zeichnet die Hyperbel wie in Abb. 25 angegeben und erhält die Schnittpunkte mit der β_6-Kurve. Diese liefern die Abszissenwerte $(\omega/\omega_0)_I^2 = 0,0178$; $(\omega/\omega_0)_{II}^2 = 0,127$ woraus sich die Eigenfrequenzen $\omega_I = 288$ und $\omega_{II} = 777$ errechnen (Abb. 46).

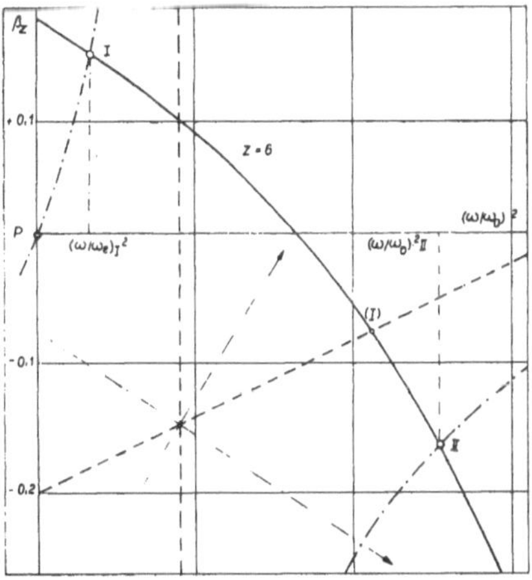

Abb. 46

Der Schnittpunkt der β_6-Kurve mit der schrägen Asymptote ergibt

$$(\omega/\omega_0)_I^2 = 0,105 \text{ und } \omega_I = 700$$

als Eigenfrequenz des Systems mit nur 1 Zusatzmasse.

[1]) Vorlesungs-Umdruck, Lehrstuhl Kraemer, TH Karlsruhe; auch die Arbeitsblätter der A 25 – A 29 s. Anhang 2

Zur Ermittlung der dritten Eigenfrequenz verwendet man das Arbeitsblatt A 25, das zwei β_6-Kurven enthält (Abb. 47). Aus $(\omega/\omega_0)_{III}^2 = 0{,}540$ wird $\omega_{III} = 1590$. Auch die ersten beiden sind zu erkennen, allerdings weniger genau als mit A 29.

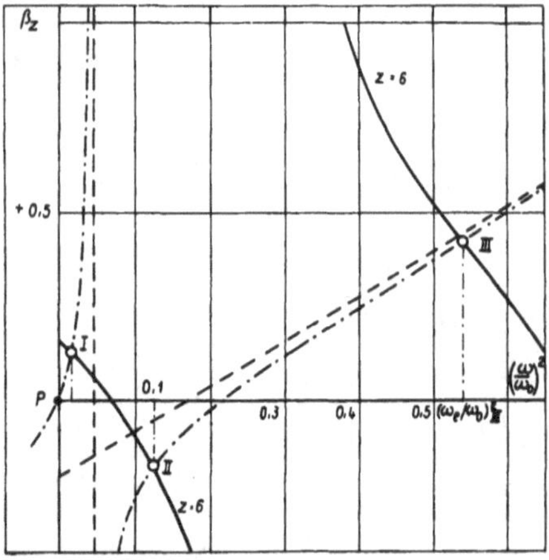

Abb. 47

55 Beispiel nach Zipperer

Das Verfahren auf das bereits durchgerechnete Beispiel (Abb. 48) angewandt, ergibt für ein Teilsystem der homogenen Maschine wieder $\omega_0^2 = c/\theta = 4{,}66 \cdot 10^6$. Um das

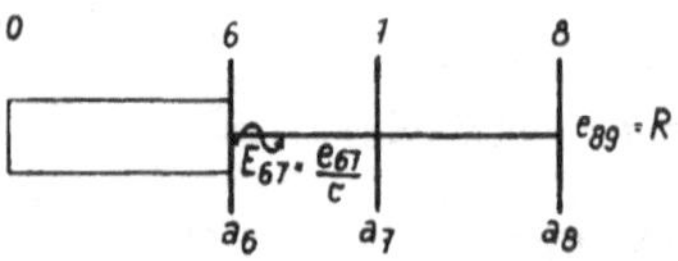

Abb. 48

Schema 52 S. 64 anwenden zu können, benötigt man a_6 und $e_{67} = c \cdot E_{67}$ herrührend vom 6. Zylinder, vom Ende der homogenen Maschine.

Nach Gl. (142), (143), S. 50 ist:

$$a_6 = 1 - 15\,\nu + 35\,\nu^2 - 28\,\nu^3 + 9\,\nu^4 - \nu^5$$

$$E_{67} = \frac{e_{67}}{c} = -6\,\nu + 35\,\nu^2 - 56\,\nu^3 + 36\nu^4 - 10\,\nu^5 + \nu^6$$

wenn $\nu = (\omega/\omega_0)^2$ ist.

Bei der direkten Berechnung wird man wegen Bildung der höheren Potenzen von ν nicht z. B. von $\omega = 300 = 3 \cdot 10^2$ und damit von

$$\nu = \frac{9 \cdot 10^4}{4{,}66 \cdot 10^6} = 1{,}935 \cdot 10^{-2} = 0{,}01935$$

ausgehen, sondern von $\nu = 0{,}02$, dem $\omega = 306$ entspricht. Einfacher ist die Anwendung des Hornerschen Verfahrens.

Zur weiteren Vereinfachung befindet sich im Anhang eine Tabelle für a_1 bis a_6 und E_{12} bis E_{67} als Funktion von ν.

Für $\nu = 0{,}02$, also für $\omega = 306$ erhält man

$$a_6 = 0{,}7138$$
$$E_{67} = -0{,}1064$$
$$e_{67} = c \cdot E_{67} = 6{,}15 \cdot 10^6\,(-0{,}1064) = -0{,}6544 \cdot 10^6.$$

Mit diesen Werten wird das Tolle'sche Verfahren weiter gerechnet.

Für $\omega = 306$ wird $\omega^2 = 9{,}364 \cdot 10^4$ und damit

$$\theta_7\,\omega^2 = 6{,}51 \cdot 9{,}364 \cdot 10^4 = 0{,}6096 \cdot 10^6$$
$$\theta_8\,\omega^2 = 235 \cdot 9{,}364 \cdot 10^4 = 22{,}0 \cdot 10^6$$

$\nu = 0{,}02 \qquad \omega = 306 \qquad \omega^2 = 9{,}364 \cdot 10^4$

	$\frac{e}{10^6}$	c	$\frac{\theta\omega^2}{10^6}$	a	
				+ 0,7133	6
67	− 0,6544	: 5,20		− 0,1258	
	− 0,3581		− 0,6096 ·	+ 0,5875	7
78	− 1,0125	: 1,32		− 0,7670	
	+ 3,9490		− 22,0 ·	− 0,1795	8
89	+ 2,9365				
R					

$$R/\omega^2 = +2{,}9365 \cdot 10^6/9{,}364 \cdot 10^4 = +31{,}36$$

Nach gleicher Berechnung für $\nu = 0{,}015$ und $\nu = 0{,}025$ erhält man mit Anwendung der Tabelle folgende Ergebnisse:

$\nu =$	0,015	0,020	0,025
$\omega =$	264	306	342
$a_6 =$	0,7828	0,7138	0,6464
$E_{67} =$	— 0,0840	— 0,1064	— 0,1290
$10^{-6} e_{67} =$	— 0,518	— 0,6544	— 0,7934
$R/\omega^2 =$	— 28,9	+ 31,4	+ 82,2

und als Schnittpunkt der R/ω^2-Kurve mit der ω-Achse die erste Kreisfrequenz

$$\omega_{\mathrm{I}} = 290$$

und mit weiteren ν-Werten die übrigen Frequenzen, soweit diese gefordert werden. Für die Rückwärtsrechnung sind die Formeln für eine dazwischenliegende homogene Maschine, Gl. (148) und (149), S. 52 anzuwenden.

Man beginnt mit dem Tolleschen Schema mit $a_1 = 1$ (Abb. 49). Der Eingangswert zur homogenen Maschine bei

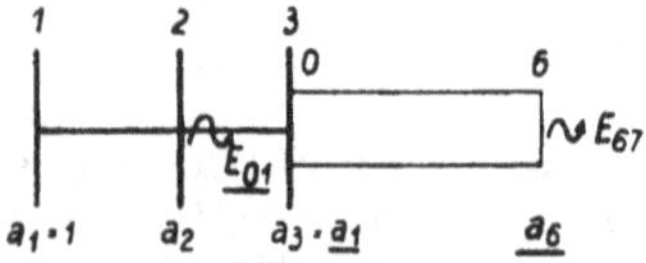

Abb. 49

$a_3 = a_1$ ist E_{01}, der Ausgangswert bei $\underline{a_6}$ ist $\underline{E_{67}}$, damit $c_{67} = c \cdot E_{67} = R$.

Die Durchrechnung liefert:

$$e_{23} = -12{,}289$$
$$E_{23} = -1{,}998 = \underline{E_{01}}$$
$$a_3 = -18{,}034 = \underline{a_1}$$

Aus der Tabelle im Anhang erhält man für $\nu = 0{,}02$ bzw. $\omega = 306$.

$$a_6^* = +0{,}7138$$
$$E_{56}^* = -0{,}0922$$
$$E_{67}^* = -0{,}1064$$

und damit nach Gl. (148), (149), S. 52

$$a_6 = \underline{a_1} \cdot a_6^* - \frac{1}{\nu} \underline{E_{01}} \cdot E_{56}^*$$

$$a_6 = (-18{,}034)(+0{,}714) - \frac{1}{0{,}02}(-1{,}998)(-0{,}0922) = -22{,}084$$

$$\underline{E_{67}} = \underline{E_{01}} \cdot a_6^* + a_1 \cdot E_{67}^*$$

$$\underline{E_{67}} = (-1{,}998)(+0{,}714) + (-18{,}034)(-0{,}1064) = +0{,}4925$$

und schließlich:

$$e_{67} = c \cdot E_{67} = 6{,}15 \cdot 0{,}4925 \cdot 10^6 = 3{,}029 \cdot 10^6 = R$$

also praktisch den gleichen Wert, wie bei der Vorwärtsrechnung.

6. Eingespannte Systeme

61 Verfahren nach Tolle*)

Die Einspannstelle ist als eine unendlich große Masse, $\theta_0 \to \infty$ (I 3215, S. 57) zu betrachten, deren Ausschlag $a_0 = 0$ ist.

Tolle gibt hierzu folgenden Rechnungsgang:

$$a_0 = 0$$

$$a_1 = a_0 + \frac{e_{01}}{c_{01}} = \frac{e_{01}}{c_{01}}$$

$$e_{12} = e_{01} - \theta_1\, \omega^2 a_1 = e_{01}\left(1 - \frac{\theta_1}{c_{01}}\,\omega^2\right)$$

$$a_2 = a_1 + \frac{c_{12}}{c_{12}} = e_{01}\left(\frac{1}{c_{01}} + \frac{1}{c_{12}} - \frac{\theta_1}{c_{01} \cdot c_{12}}\,\omega^2\right) \tag{160}$$

$$e_{23} = e_{12} - \theta_2\, \omega^2 a_2$$

$$e_{23} = e_{01}\left[1 - \left(\frac{\theta_1}{c_{01}} + \frac{\theta_2}{c_{01}} + \frac{\theta_2}{c_{12}}\right)\omega^2 + \frac{\theta_1 \cdot \theta_2}{c_{01} \cdot c_{12}}\,\omega^4\right] \tag{161}$$

Für ein eingespanntes System mit zwei Scheiben ist $e_{23} = R$, gleich dem Rückstellmoment, das für die Eigenfrequenz zu Null werden muß. Die rechte

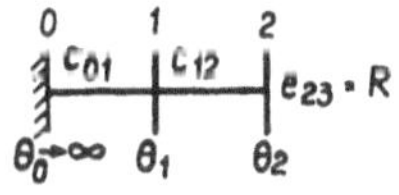

Abb. 50

*) Aus einem Kollegheft: Schwingungslehre von Tolle, etwa aus dem Jahr 1930.

Seite der Gleichung wird zu Null, wenn der Klammerausdruck zu Null wird; $e_{01} \neq 0$ (Abb. 50).

Man kann also für e_{01} auch 1 setzen, oder $1 \cdot 10^n$, wenn die anderen e und c-Werte im 10^n-fachen Wert angegeben sind. Mit $a_0 = 0$ und $e_{01} = 1$ erhält man:

$$a_1 = \frac{1}{c_{01}}$$

$$e_{12} = 1 - \frac{\theta_1}{c_{01}} \omega^2$$

$$a_2 = \frac{1}{c_{01}} + \frac{1}{c_{12}} - \frac{\theta_1}{c_{01} \cdot c_{12}} \omega^2 \tag{162}$$

$$e_{23} = 1 - \left(\frac{\theta_1}{c_{01}} + \frac{\theta_2}{c_{01}} + \frac{\theta_2}{c_{12}}\right) \omega^2 + \frac{\theta_1 \cdot \theta_2}{c_{01} \cdot c_{12}} \omega^4 \tag{163}$$

Diese Gleichung kann bei Nullsetzung wegen des additiven Gliedes 1 nicht auf eine direkt lösbare Gleichung 2. Grades zurückgeführt werden. Die Lösung müßte graphisch erfolgen wollte man nicht folgendes schrittweise Verfahren anwenden.

	e	c	$\theta\omega^2$	a	
				0,000	0
01	1,000	$: c_{01}$	$\rightarrow$	.....	
	.....	$\leftarrow$	$-\theta_1\omega^2 \cdot$	.....	1
12	.....	$: c_{12}$	$\rightarrow$	.....	
	.....	$\leftarrow$	$-\theta_2\omega^2 \cdot$	.....	2
23	..... $= R$				

Abb. 51

Für eine homogene Maschine ($\theta = 1{,}32$; $c = 6{,}15 \cdot 10^6$) (Abb. 51) an einem eingespannten Wellenstück mit $c_{01} = \frac{c}{2}$, $\alpha = 2$ ist für $\omega = 400$ ein Auszug aus dem Rechenschema wiedergegeben.

	e in 10^6	c in 10^6	$\theta\omega^2$	a	
				0,0000	0
01	1,0000	: 3,075		+ 0,3252	
	− 0,0687		− 0,2112 ·	− 0,3252	1
12	+ 0,9313	: 6,15		+ 0,1514	
	− 0,1007		− 0,2112 ·	+ 0,4766	2
23	+ 0,8306				
				+ 0,8144	5
56	+ 0,3761	: 6,15		+ 0,0611	
	− 0,1850		− 0,2112 ·	+ 0,8760	6
67	+ 0,1911 = R				

Aus den R/ω^2-Werten für $\omega = 400$; 500; 600 erhält man die erste Eigenfrequenz zu $\omega_{\mathrm{I}} = 452$.

Für das voll-homogene System $c_{01} = c$, $\alpha = 1$ (Abb. 52) ergibt die Durchrechnung des Schemas $\omega_{\mathrm{I}} = 521$.

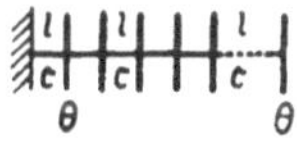

Abb. 52

62 Sonderfall: homogene Masse nach Zipperer

Der Verfasser [34] hat in seiner Dissertation auf Grund der Arbeit von Kull [20] eine Näherungsformel aufgestellt.

Ist $\omega = \sqrt{\frac{c}{\theta}}$ die Eigenfrequenz eines Teilsystems (eingespannter Stab mit c und der Endscheibe mit θ), so ist die erste Eigenfrequenz des ganzen Systems

$$\omega_{\mathrm{I}} = \frac{\omega}{\sqrt{\beta}} \tag{164}$$

wenn

$$\beta = \frac{n^3\alpha^2 + 2n\alpha \boxed{n}^{1} + \boxed{n}^{2}}{n^2\alpha + \boxed{n}^{1}} \tag{165}$$

oder ausdividiert

$$\beta = n\alpha + \frac{1}{n}\overset{1}{\boxed{n}} + \frac{\overset{2}{\boxed{n}} + \frac{1}{n}\left(\overset{1}{\boxed{n}}\right)^2}{n^2\alpha + \overset{1}{\boxed{n}}} \text{ ist.} \tag{166}$$

β ist der Vervielfältigungsfaktor für den statischen Durchfederungsausschlag gegenüber dem des Teilsystems.

In der Formel ist ein neues mathematisches Symbol $\overset{i}{\boxed{n}}$ eingeführt, das als „Kasten" n-ter Ordnung bezeichnet werden soll. Die obere Zahl i soll den Grad angeben.

Der Aufbau des „Kastens" für $n = 9$, also 9. Ordnung, ist folgender:

n	1	2	3	4	5	6	7	8	9
1	0	0	0	0	0	0	0	0	0
2	0	1	1	1	1	1	1	1	1
3	0	1	2	2	2	2	2	2	2
4	0	1	2	3	3	3	3	3	3
5	0	1	2	3	4	4	4	4	4
6	0	1	2	3	4	5	5	5	5
7	0	1	2	3	4	5	6	6	6
8	0	1	2	3	4	5	6	7	7
9	0	1	2	3	4	5	6	7	8
	Σ_1	Σ_2	Σ_3	Σ_4	Σ_5	Σ_6	Σ_7	Σ_8	Σ_9

Der für das spätere Beispiel $n = 6$ benutzter „Kasten" ist durch dickeren Strich abgegrenzt.

Der Wert des „Kastens" 1. Grades ist gleich der Summe der Summen der Vertikalspalten, also:

$$1.\ \text{Grad} = \Sigma_1 + \Sigma_2 + \Sigma_3 + \cdots\cdots \Sigma_n \tag{167}$$

Derjenige 2. Grades gleich der Summe der Quadrate der Summen der Vertikalspalten, also:

$$2.\ \text{Grad} = (\Sigma_1)^2 + (\Sigma_2)^2 + (\Sigma_3)^2 + \cdots\cdots (\Sigma_n)^2 \tag{168}$$

Für $n = 6$ erhält man:

$$1.\ \text{Grad:}\ \overset{1}{\boxed{6}} = 0 + 5 + 9 + 12 + 14 + 15 = 55$$

$$2.\ \text{Grad:}\ \overset{2}{\boxed{6}} = 0 + 25 + 81 + 144 + 196 + 225 = 671$$

Die Auswertung des „Kastens“ ist einfach; ebenso einfach auch die Ausweitung auf höhere Ordnungen, auf Systeme mit beliebig vielen Scheiben. In folgender Tabelle sind die errechneten Werte für „Kasten“ 1. Grades; „Kasten“ 2. Grades und dem Quadrat des „Kasten“ 1. Grades zusammengestellt für $n = 1$ bis $n = 12$; ferner für den Fall $\alpha = 1$; $c_{01} = c$, die Werte β und $\sqrt{\beta}$, zur bequemeren Anwendung der Gl. (166).

Trägt man $\sqrt{\beta}$ für $\alpha = 1$ als Funktion von n auf, so erkennt man, daß diese mit ausreichender Genauigkeit durch eine Gerade innerhalb $n = 1$ bis $n = 12$ dargestellt werden kann, deren Gleichung

$$\sqrt{\beta} \sim 0{,}63\, n + 0{,}37 \tag{169}$$

ist.

n	$\overset{1}{\boxed{n}}$	$\left(\overset{1}{\boxed{n}}\right)^2$	$\overset{2}{\boxed{n}}$	für $\alpha = 1$: β	$\sqrt{\beta}$
1	0	0	0	1,00	1,00
2	1	1	1	2,60	1,61
3	5	25	13	5,00	2,24
4	14	196	70	8,21	2,86
5	30	900	246	12,20	3,49
6	55	3 025	671	17,00	4,12
7	91	8 281	1 547	22,60	4,75
8	140	19 600	3 164	29,00	5,38
9	204	41 616	5 992	36,47	6,04
10	285	81 225	10 317	44,20	6,67
11	385	148 225	17 017	53,00	7,28
12	506	256 036	26 814	62,60	7,91

Für die „Kästen" gibt Spreter*) folgende Beziehungen an: Nach Gl. (167) erhält man für den „Kasten" 1. Grades die Ziffernfolge und deren Differenzen:

$$\begin{array}{ccccccccccccc}
0 & & 1 & & 5 & & 14 & & 30 & & 55 & & 91 \\
& 1 & & 4 & & 9 & & 16 & & 25 & & 36 & \\
& & 3 & & 5 & & 7 & & 9 & & 11 & & \\
& & & 2 & & 2 & & 2 & & 2 & & & \\
& & & & 0 & & 0 & & 0 & & & &
\end{array}$$

Die 3. Differenzenreihe ist konstant, die 4. gleich Null. Man erhält für den „Kasten" 1. Grades:

$$a_n = a_1 \left[\sum_{i=1}^{n-1} \binom{n-1}{i} \Delta^i a_1 \right]$$

$$a_n = \binom{n-1}{1} 1 + \binom{n-1}{2} 3 + \binom{n-1}{3} 2 + \binom{n-1}{4} 0 \qquad (170)$$

und nach Umformung:

$$\text{„Kasten } n\text{" 1. Gr.} = \sum_{k=1}^{n} (k-1)^2 = \tfrac{1}{6} n (n-1)(2n-1) \qquad (171)$$

für das gewählte Beispiel mit $n = 6$ also:

$$\tfrac{1}{6} \cdot 6 (6-1)(2 \cdot 6 - 1) = \tfrac{1}{6} \cdot 6 \cdot 5 \cdot 11 = 55$$

Der Kasten 2. Grades hat die Ziffernfolge:

0 1 13 70 246 671 1547 ......

Die 5. Differenzenreihe hat konstante Werte.

Für diesen erhält man:

$$\overset{2}{\boxed{6}} = a_n = 0 + \binom{n-1}{1} 1 + \binom{n-1}{2} 11 + \binom{n-1}{3} 34$$
$$+ \binom{n-1}{4} 40 + \binom{n-1}{5} 16 + \binom{n-1}{6} \cdot 0$$

$$a_n = \tfrac{1}{30} [4 n^5 - 10 n^4 + 10 n^3 - 5 n^2 + n] \qquad (172)$$

oder, für die Rechnung bequemer:

$$a_n = \tfrac{1}{30} n (n-1) [4 n^3 - 6 n^2 + 4 n - 1] \qquad (173)$$

*) Spreter, Berthold, cand. math., Offenburg-Freiburg, 1953.

Durch Einsetzen der „Kasten"-Werte in die Gleichung für β [Gl. (165), (166)] scheint diese rechnerisch nicht bequemer zu werden. Bei Anwendung auf das nach Tolle berechneten Beispiels mit $\alpha = 2$ erhält man:

$$\beta = \frac{6^3 \cdot 2^2 + 2 \cdot 6 \cdot 2 + 671}{6^2 \cdot 2 + 55} = \frac{2855}{127} = 22{,}4$$

$$\omega_{\mathrm{I}} = \frac{\omega}{\sqrt{22{,}4}} = \frac{2160}{4{,}74} = 457$$

$$\text{da } \omega^2 = \frac{c}{\theta} = \frac{6{,}15 \cdot 10^6}{1{,}32} = 4{,}66 \cdot 10^6\,;\ \omega = 2160 \text{ ist.}$$

Für das Beispiel mit voll-homogener Masse $c_{01} = c$ erhält man, da $\alpha = 1$ ist

$$\omega_{\mathrm{I}} = \frac{2160}{\sqrt{17}} = 524$$

gegen 521 beim Tolleschen Rechnungsgang.

Im folgenden soll noch die Anwendung des im Abschnitt 34 behandelten Verfahren von Zipperer gezeigt werden, zunächst für $c_{01} = c$, also $\alpha = 1$.

$$a_0 = 0 \qquad\qquad e_{01} = 1$$

$$a_1 = \frac{1}{c} = \frac{1}{c\nu} \cdot \nu = -\frac{1}{c\nu}(-\nu) = \frac{1}{c\nu} \cdot E_{12}^*$$

$$e_{12} = 1 - \frac{\theta}{c}\,\omega^2 = 1 - \frac{\omega^2}{\omega_0^2} = 1 - \nu = a_2^*$$

$$a_2 = \frac{1}{c} + \frac{1}{c} - \frac{\theta}{c^2}\,\omega^2 = \frac{1}{c}(2 - \nu)$$

$$= \frac{1}{c\nu}(2\nu - \nu^2) = -\frac{1}{c \cdot \nu}(-2\nu + \nu^2) = -\frac{1}{c\nu} \cdot E_{23}^*$$

$$e_{23} = 1 - \frac{3\theta}{c}\,\omega^2 + \frac{\theta^2}{c^2}\,\omega^4$$

$$= 1 - 3\left(\frac{\omega}{\omega_0}\right)^2 + \left(\frac{\omega}{\omega_0}\right)^4 = 1 - 3\nu + \nu^2 = a_3^* \text{ usw.}$$

schließlich

$$a_i = -\frac{1}{c\nu} \cdot E_{i,\, i+1}{}^* \tag{174}$$

$$e_{i,\, i+1} = a_{i+1}{}^* \tag{175}$$

worin die mit * versehenen Werte tabuliert im Anhang zu finden sind.

Für den allgemeinen Fall $c_{01} \neq c$; $\alpha \neq 1$ ist es bisher nicht gelungen eine einfache Reihenentwicklung zu finden.

Beispiel: $n = 6$; $c_{01} = c$.

Liegen für $a_7{}^*$ keine tabulierten Werte vor, lediglich die φ-Werte von Grammel, so kann nach Gl. (130), S. 43 mit:

$$a_7{}^* = (-1)^6 \cdot (\varphi_6 + \varphi_5) = \varphi_5 + \varphi_6$$

gerechnet werden.

Die folgende Tabelle enthält die errechneten Werte.

ν	φ_5	φ_6	$\varphi_5 + \varphi_6 = a_7{}^*$
0,04	— 4,6873	+ 4,9541	+ 0,2668
0,05	— 4,3856	+ 4,5003	+ 0,1147
0,06	— 4,0940	+ 4,0684	— 0,0256
0,07	— 3,8129	+ 3,6575	— 0,1553

Die Werte $(\varphi_5 + \varphi_6)$, als Funktion von ν aufgetragen, ergibt den Eigenwert $\nu_1 = 0{,}0584$ und damit die Eigenfrequenz zu

$$\omega_{\mathrm{I}}{}^2 = \nu \cdot \omega^2 = 0{,}0584 \cdot 4{,}66 \cdot 10^6 = 27{,}2 \cdot 10^4$$

$$\omega_{\mathrm{I}} = 523$$

also praktisch den gleichen Wert, wie bei der vorhergehenden Ausrechnung.

7. Verfahren mit „effektiven Massen“

Über diese Verfahren, die auf Wydler [33] zurückgehen, die in der englischen Literatur unter „effective inertia method“, „partical inertia method“ oder „dynamic impedance method“ bekannt und die vorzugsweise in den USA angewandt werden, hat Thomas O·Callaghan*) [23] eine ausführliche Zusammenstellung mit Erweiterungen veröffentlicht.

Das Schwingsystem (Abb. 53a) wird in einzelne Systeme aufgeteilt durch Spaltung der Massen $J\ (=\theta)$ in μ und λ (Abb. 53b), die mit gleicher Frequenz ω schwingen. Bei und

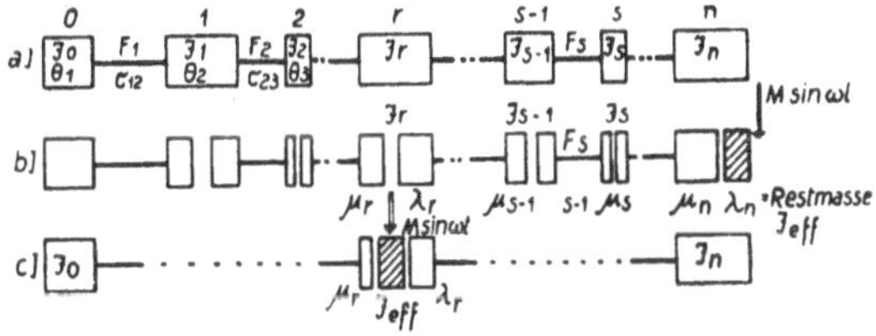

Abb. 53

über der höchsten Eigenfrequenz besitzt jedes der Systeme einen Knotenpunkt zwischen den Massen. Die Wellen-Flexibilitäten F sind die reziproken Werte der Richtmomente c. Bringt man auf der rechten Seite ein sinusförmiges Moment an, so kann das letzte Teilsystem mit ω nur schwingen, wenn die Teilmassen λ_{n-1} und μ_n sind. Es verbleibt eine Restmasse λ bis zu $\mu_n + \lambda_n = J_n$, die „effektive Masse“ (EM) $= J_{eff}$. Für $\omega = \omega_e$, eine Eigenfrequenz wird, $J_{eff} = 0$.

Zur Bestimmung der Teilwerte lassen sich aus der Newtonschen Grundgleichung folgende Gleichungssysteme ableiten:

$$\left.\begin{aligned} \lambda_{s-1} &= J_{s-1} - \mu_{s-1} \\ \frac{1}{\lambda_{s-1}} + \frac{1}{\mu_s} &= F_s\,\omega^2 \end{aligned}\right\} \qquad (176)$$

Die schrittweise Anwendung liefert schließlich die μ- und λ-Werte bis $\lambda_n = J_{eff}$; ähnlich der früheren Verfahren zur Ermittlung des Restmomentes, das für die Eigenfrequenz zu Null werden muß.

*) Leider erschien diese erst nach Fertigstellung des Manuskriptes, so daß eine Eingliederung in die einzelnen Abschnitte nicht mehr möglich war. Sie muß daher, und man kann dies auch, in einem besonderen Abschnitt behandelt werden. Es war schwierig, den noch übrig gebliebenen bzw. freizumachenden Raum selbst für eine stark gekürzte Wiedergabe zu verwenden.

Es läßt sich ferner zeigen, daß J_{eff} bei jeder beliebigen Masse J_r ermittelt werden kann, indem von links und rechts aus die Rechnung nach J_r erfolgt. In diesem Falle ist für EM: $J_{eff} = J_r - \mu_r - \lambda_r$, statt $J_{eff} = J_n - \mu_n$ zu setzen (Abb. 53c).

Beispiel: Die Anwendung soll an einem 3-Massensystem gezeigt, das bereits in der Literatur nach den anderen Methoden*) verwendet wurde.

$\theta_1 = 2{,}04 \text{ kgcm } s^2 = J_0; \qquad 1/J_0 = 0{,}490 \cdot 10^{-3} = 1/\lambda_0$

$\theta_2 = 6{,}12 = J_1$

$\theta_3 = 3{,}06 = J_2$

$c_{12} = 32{,}5 \cdot 10^6 \text{ kgcm}; \qquad F_1 = 1/c_{12} = 3{,}08 \cdot 10^{-8} \text{ 1/kgcm}$

$c_{23} = 20{,}3 \cdot 10^6; \qquad F_2 = 1/c_{23} = 4{,}93 \cdot 10^{-8}.$

Nach den Gleichungen (176) wird für $\omega = 80$:

$$\lambda_0 = J_0 - \mu_0 = J_0 - 0 = J_0$$

$$\frac{1}{\lambda_0} + \frac{1}{\mu_1} = F_1\omega^2$$

$$0{,}490 \cdot 10^{-3} + \frac{1}{\mu_1} = 0{,}1971 \cdot 10^{-3}$$

$$\frac{1}{\mu_1} = 19{,}22 \cdot 10^{-3} \text{ oder } 10^3 \cdot \frac{1}{\mu_1} = 19{,}22,$$

da $F_1 \cdot \omega^2 = 3{,}08 \cdot 10^{-8} \cdot 0{,}64 \cdot 10^4 = 0{,}1971 \cdot 10^{-3}$

$$\mu_1 = 0{,}0521 \cdot 10^3$$

$$\lambda_1 = J_1 - \mu_1 = 6{,}12 \cdot 10^3 - 0{,}0521 \cdot 10^3 = 6{,}0679 \cdot 10^3$$

$$\frac{1}{\lambda_1} = 0{,}1650 \cdot 10^{-3} \text{ oder } 10^3 \frac{1}{\lambda_1} = 0{,}1650.$$

Man erkennt, daß die Zehnerpotenzen weggelassen werden können, wenn man setzt:

$$10^3 \frac{1}{\lambda_0} + 10^3 \frac{1}{\mu_1} = 10^3 F_1 \omega^2 \text{ und}$$

$$10^{-3}\lambda_1 = 10^{-3}J_1 - 10^{-3}\mu_1.$$

*) S. auch 1. Auflage der Schwingungslehre (Slg. Göschen Bd. 961).

In gleicher Weise erhält man:

$$10^{-3}\,\lambda_1 = 9{,}539$$
$$10^{3}\,\frac{1}{\lambda_1} = 0{,}1049$$
$$10^{3}\,\frac{1}{\mu_2} = 0{,}2106$$
$$10^{-3}\,\mu_2 = 4{,}750$$
$$10^{-3}\,\lambda_2 = -1{,}690 = 10^{-3} \times \text{Restmasse.}$$

Diese Restmasse muß für die Eigenfrequenzen zu Null werden.

Ist die ungefähre Lage der zwei Eigenfrequenzen nicht zu erkennen, so muß dieses Verfahren für verschiedene ω-Werte, wie beim Restmomentenverfahren, durchgeführt werden, hier von $\omega = 0$ bis $\omega = 180$. Zur praktischen Berechnung wählt man die Tabellenform, die gekürzt, in der Nähe der Eigenfrequenzen wiedergegeben ist. Die Restmassen als Funktion von ω aufgetragen, zeigt Abb. 54.

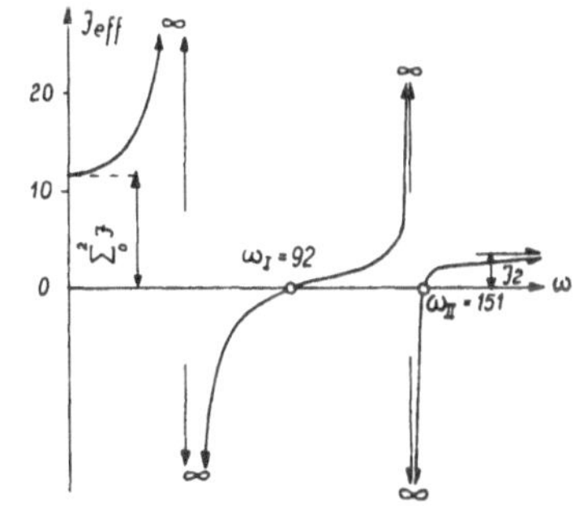

Abb. 54

Für $\omega \to 0$ wird $J_{\text{Rest}} = \sum J = 11{,}22$; über die 2. Eigenfrequenz hinaus nähert sich J_{Rest} asymptotisch dem Wert $J_2 = 3{,}06$.

In Abb. 55 sind die Kurven in der Nähe der Eigenfrequenzen aufgezeichnet; aus ihnen ergeben sich $\omega_{\text{I}} = 92$ und $\omega_{\text{II}} = 151$.

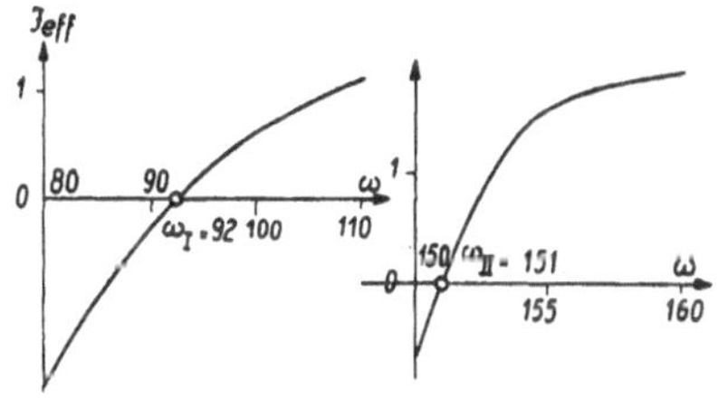

Abb. 55

ω	$10^{-3} J_0$	$10^{-3} \frac{1}{J_0}$	$10^3 F_1 \omega^2$	$10^3 \frac{1}{\mu_1}$	$10^{-3} \mu_1$	$10^{-3} \lambda_1$	$10^3 \frac{1}{\lambda_1}$	$10^3 F_2 \omega^2$	$10^6 \frac{1}{\mu_2}$	$10^{-3} \mu_2$	$10^{-3} \lambda_2$ (Restmasse)
	1	2	3	4=3−2	5	6=6,12−5	7	8	9=8−7	10	11=3,06 −10
80	**2,04**	0,4902	0,1975	−0,2927	−3,419	9,559	0,1049	0,3155	0,2106	4,750	−1,690
90	**2,04**	0,4902	0,2495	−0,2407	−4,158	10,278	0,0972	0,3993	0,3021	3,309	−0,249
100	**2,04**	0,4902	0,3080	−0,1822	−5,484	11,604	0,0862	0,4930	0,4068	2,460	+0,600
150	**2,04**	0,4902	0,6930	+0,2028	+4,930	1,190	0,8400	1,1092	0,2692	3,712	−0,652
155	**2,04**	0,4902	0,7391	+0,2489	+4,020	2,100	0,4760	1,1844	0,7084	1,412	+1,645
160	**2,04**	0,4902	0,7885	+0,2983	+3,351	2,769	0,3611	1,2621	0,9010	1,110	+1,950

Zur leichteren Beurteilung dient der Satz, daß die s-te Welle einen Knotenpunkt hat, wenn λ_{s-1} und μ_s gleiche Vorzeichen besitzen. Zum gleichen Ergebnis gelangt man, wenn die Berechnung der Restmasse an einer anderen Stelle erfolgt, z. B. bei $J_1 = \theta_2$. Man rechnet von beiden Seiten aus. Die Restmasse ist dann

$$J_{\text{Rest}} = J_1 - \mu_1 - \lambda_1.$$

Die J_{Rest}/ω-Kurven sind zwar verschieden, die Nullstellen jedoch die gleichen.

Die Schwingungsausschläge müssen gesondert berechnet werden nach:

$$\Phi_{s-1} = \frac{\mu_s}{\lambda_{s-1}} \cdot \Phi_s \tag{177}$$

Für die Berechnung der Drehmomente der Wellen gilt:

$$W_{s-1} = -\frac{\mu_{s-1}}{\lambda_{s-1}} \cdot W_s \tag{178}$$

für die n-te Welle:

$$W_n = \frac{\mu_n}{J_{eff}} \cdot M \tag{179}$$

Zur Berechnung von homogenen Motoranlagen, muß das bisherige Verfahren auf einen Sonderfall erweitert werden. Auf der linken Seite eines 2-Massensystems (Abb. 56a) wird die Masse L zugefügt. Die EM rechts wird damit R; der hantelartige Schwinger besteht aus den Massen $L + J/2$ und $J/2 - R$.

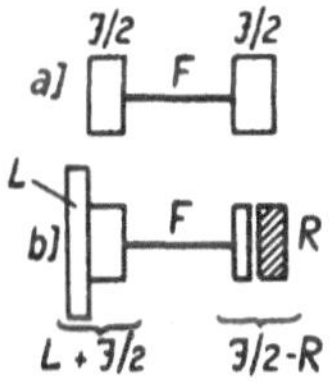

Abb. 56

Nach Gl. (176) wird:

$$\frac{1}{L + J/2} + \frac{1}{J/2 - R} = F\omega^2 \tag{180}$$

und hieraus nach Einführung trigonometrischer Größen

$$\left.\begin{aligned} \text{arc tg } R\frac{F\omega^2}{\sin\alpha^\circ} &= \text{arc tg } L\frac{F\omega^2}{\sin\alpha^\circ} + \alpha^\circ \\ \text{arc tg } R^* &= \text{arc tg } L^* + \alpha^\circ \\ r^\circ &= l^\circ + \alpha^\circ \end{aligned}\right\} \tag{181}$$

wenn für $\cos\alpha^\circ = 1 - \frac{F J \omega^2}{2}$ gesetzt wird.

Sind p hantelartige Schwinger hintereinander geschaltet, so erhält man:

$$r^\circ = l^\circ + p\alpha^\circ$$

Damit gestaltet sich die Berechnung eines zwischen Einzelmassen liegenden Motors wie folgt. Links des homogenen Motors (Abb. 57) befinden z. B. die Einzelmassen J_0 und J_1

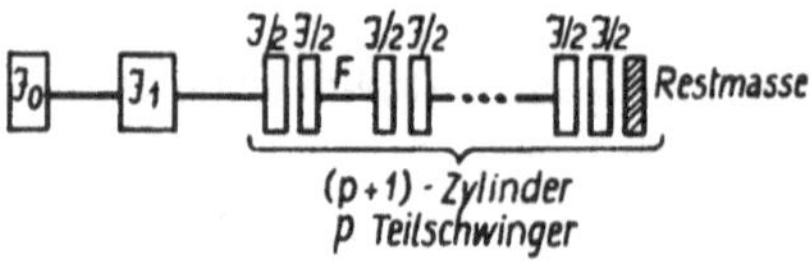

Abb. 57

mit den Wellenwerten F_1 und F_2. Die Massen der einzelnen Zylinder sind in zwei Hälften gespaltet, um die Beziehungen für die hantelförmigen Teilsysteme anwenden zu können.

$\lambda_2 = L$ errechnet sich nach den Gl. (176) bzw. nach der Tabelle auf S. 88.

$$\cos\alpha^\circ = 1 - \frac{J F \omega^2}{2}$$

hieraus ergibt sich α° und $\sin\alpha^\circ$.

$$L^* = L \frac{F\omega^2}{\sin\alpha^\circ}$$

hieraus:

$$\operatorname{arc\,tg} L^* = l^\circ.$$

Aus $\operatorname{arctg} R^* = \operatorname{arc\,tg} L^* + p\alpha^\circ$ ($p + 1 =$ Zylinderzahl) erhält man R^* und $R = R^* \frac{\sin\alpha}{F\omega^2}$

schließlich:

$$J_{eff} = \frac{J}{2} - R.$$

Der Aufbau der Formeln Gl. (176) läßt vermuten, daß mittels Potenzfunktionen und den tabulierten Werten des Anhangs eine weitere Vereinfachung möglich ist*).

*) Bisher unveröffentlichte Ableitung des Verfassers.

Durch Umformung erhält man aus:

$$\lambda_{s-1} = J - \mu_{s-1};\ (J_0 = J_1 = \cdots\cdots = J)$$

$$\frac{\lambda_{s-1}}{J} = 1 - \frac{\mu_{s-1}}{J}$$

$$l_{s-1} = 1 - m_{s-1} \tag{182}$$

ferner aus:

$$\frac{1}{\lambda_{s-1}} + \frac{1}{\mu_s} = F\omega^2;\ (F_1 = F_2 = \cdots\cdots = F)$$

$$\frac{J}{\lambda_{s-1}} + \frac{J}{\mu_s} = JF\omega^2 = \frac{\omega^2}{1/JF} = \frac{\omega^2}{\omega_0^2} = \nu$$

$$\frac{1}{l_{s-1}} + \frac{1}{m_s} = \nu \tag{183}$$

wenn $\omega_0^2 = 1/JF$ das Quadrat der Kreiseigenfrequenz des aus den früheren Abschnitten bekannten Teilsystems ist.

Die Durchführung liefert für:

$s = 1$: $l_0 = 1 - m_0$ und $m_1 = \frac{1}{\nu - 1} = \frac{\mu_1}{J}$ den für die Berechnung der Eigenfrequenzen erforderlichen Wert μ_1;

$s = 5$ (6-zylindrischer Motor):

$$m_5 = \frac{\nu^4 - 8\,\nu^3 + 21\,\nu^2 - 20\,\nu + 5}{\nu^5 - 9\,\nu^4 + 28\,\nu^3 - 35\,\nu^2 + 15\nu - 1} \tag{184}$$

Der Zähler ist nichts anderes als die Potenzfunktion für φ_4 (Grammel); der Nenner der negative Wert für $a_6{}^*$ (Kraemer-Zipperer).

Damit wird:

$$m_5 = \frac{\varphi_4}{-a_6{}^*} \tag{185}$$

Nach Frank ist (Gl. 144, S. 50) für $i = s$ gesetzt:

$$a_5 = (-1)^{s-1}\,(\varphi_{s-1} + \varphi_{s-2})$$

Damit erhält man:

$$a_6 = -(\varphi_5 + \varphi_4)$$

$$m_5 = \frac{\varphi_4}{\varphi_4 + \varphi_5}$$

und schließlich allgemein, wie leicht zu erkennen ist:

$$m_s = \frac{\mu_s}{J} = \frac{\varphi_{s-1}}{\varphi_{s-1} + \varphi_s} \tag{186}$$

Auf das Beispiel eines 6-zylindrischen Motors ohne Einzelmassen angewandt, erhält man — um das Interpolieren zu vermeiden, geht man auch hier zweckmäßig von einfachen ν- anstatt ω-Werten aus — für $\nu = 0{,}25$:

$$m_5 = \frac{1{,}1914}{1{,}1914 - 0{,}2256} = 1{,}235$$

$$\mu_5 = m_5 \cdot J = 1{,}235 \cdot 1{,}32 = 1{,}630$$

$$\lambda_5 = J - \mu_5 = 1{,}320 - 1{,}630 = -0{,}310 = J_{\text{Rest}}.$$

Mit den errechneten $\lambda_5 = J_{\text{Rest}}$-Werten:

ν	0,25	0,26	0,27	0,28	0,29
λ_5	— 0,310	— 0,130	+ 0,030	+ 0,182	+ 0,370

erhält man den Schnittpunkt mit der ν-Achse bei $\nu = 0{,}268$ und damit aus: $\nu_{\text{I}} = \omega_{\text{I}}^2/\omega_0^2$; $\omega_{\text{I}}^2 = 0{,}268 \cdot 4{,}66 \cdot 10^6 = 1{,}250 \cdot 10^6$
schließlich:

$$\omega_{\text{I}} = 1{,}12 \cdot 10^3 = 1120.$$

Erheblich einfacher ist allerdings die Anwendung der Gleichung des Zipperer'schen Verfahrens. Für die Eigenfrequenzen wird $e_{67} = R = 0$ und damit auch $E_{67}^* = \frac{e_{67}}{c} = 0$. Man braucht also nur die Nullstellen der E_{67}^*/ν-Funktion — die Werte liegen tabuliert im Anhang vor — bestimmen und erhält für ω_e:

e	I	II	III	IV	V
ν	0,27	1,0	2,0	3,0	3,75
ω	1120	2160	3040	3700	4130

und erkennt, daß diese Werte für alle 6-zylindrischen Motoren, entsprechend also auch für alle n-gliedrigen homogenen Massen gelten.

Eine Berechnungsformel für homogene Massen zwischen Einzelmassen wäre noch abzuleiten, sie wird wohl nicht so einfach ausfallen.

Mit $\mu_5 = m_5 \cdot J$ kann die Rechnung nach der Tabelle fortgesetzt werden. Man kann aber auch den Vorteil des Verfahrens ausnutzen, daß die Restmasse an jeder beliebigen Stelle bestimmt werden kann, also z. B. an der Endmasse des homogenen Motors.

Bei Wellenverzweigung berechnet man J_5 zweckmäßig an der Getriebemasse, indem man von den Enden der Zweige ausgeht.

Ferner gibt O·Callaghan Beispiele für die Teilmassensysteme von Föppl [8] und Söchting [29]; ein Verfahren mit der Newtonschen Linsen-Formel, auf die Gl. (176) umgeformt werden kann. Schließlich betrachtet er die bisherigen Verfahren*) sowie die Methoden mit Determinanten und Matrizen und graphische Verfahren.

Über die angestellten Vergleiche, insbesonders über den Zeitaufwand, gilt das auf S. 54 Gesagte.

Interessant ist die Anwendung des EM-Verfahrens auf mit Masse behafteten (schweren Wellen) veränderlicher Drehmassen und Flächenträgheitsmomente; die Anwendung auf Torsionsschwingungen von Propellerflügel und Flugzeugflügel.

Der letzte Abschnitt bringt eine elektrische Widerstandsanalogie zu drehschwingenden Systemen.

Nicht unerwähnt darf bleiben das bis auf die Gegenwart reichende, ausführliche Literaturverzeichnis deutscher und ausländischer, vorwiegend amerikanischer Autoren.

---

*) Auffallend ist das Fehlen des vielseitigen Verfahrens von Tolle, das alle Berechnungen gestattet. Die Aufzählung Holzer, Tolle und Lewis entspricht nicht der historischen Entwicklung. Die Ursache liegt wohl darin, daß Tolle sein Verfahren erst im Jahre 1921 als Abschnitt in seinem Werk „Regelung der Kraftmaschinen" brachte. Seine Gutachten, in denen die Verfahren entwickelt sind unterlagen während des ersten Weltkrieges der Geheimhaltung. Der Verfasser, der die Schwingungsberechnungen für die Schütte-Lanz-Luftschiffe durchführte, erhielt bereits 1917 vertraulich Kenntnis von den Gutachten und damit von dem Tolleschen Verfahren.

Anhang 1 **φ_1- bis φ_6-Werte**

Verfahren Grammel (gekürzte Wiedergabe)*)

ζ	φ_1	φ_2	φ_3	φ_4	φ_5	φ_6
0,000	−2,0000	3,0000	−4,0000	5,0000	−6,0000	7,0000
0,005	−1,9950	2,9800	−3,9501	4,9005	−5,8264	6,7231
0,010	−1,9900	2,9601	−3,9006	4,8021	−5,6556	6,4525
0,015	−1,9850	2,9402	−3,8513	4,7047	−5,4875	6,1879
0,020	−1,9800	2,9204	−3,8024	4,6083	−5,3221	5,9294
0,025	−1,9750	2,9006	−3,7537	4,5130	−5,1594	5,6769
0,030	−1,9700	2,8809	−3,7054	4,4187	−4,9994	5,4302
0,035	−1,9650	2,8612	−3,6573	4,3254	−4,8421	5,1893
0,040	−1,9600	2,8416	−3,6095	4,2331	−4,6873	4,9541
0,045	−1,9550	2,8220	−3,5621	4,1418	−4,5352	4,7244
0,050	−1,9500	2,8025	−3,5149	4,0515	−4,3856	4,5003
0,055	−1,9450	2,7830	−3,4680	3,9622	−4,2385	4,2817
0,060	−1,9400	2,7636	−3,4214	3,8739	−4,0940	4,0684
0,065	−1,9350	2,7442	−3,3751	3,7865	−3,9519	3,8604
0,070	−1,9300	2,7249	−3,3291	3,7002	−3,8123	3,6575
0,075	−1,9250	2,7056	−3,2833	3,6148	−3,6751	3,4598
0,080	−1,9200	2,6864	−3,2379	3,5303	−3,5404	3,2672
0,085	−1,9150	2,6672	−3,1927	3,4469	−3,4080	3,0795
0,090	−1,9100	2,6481	−3,1479	3,3643	−3,2780	2,8987
0,095	−1,9050	2,6290	−3,1033	3,2827	−3,1503	2,7167
0,10	−1,9000	2,6100	−3,0590	3,2021	−3,0250	2,5454
0,11	−1,8900	2,5721	−2,9713	3,0436	−2,7811	2,2127
0,12	−1,8800	2,5344	−2,8847	2,8888	−2,5462	1,8981
0,13	−1,8700	2,4969	−2,7992	2,7376	−2,3201	1,6010
0,14	−1,8600	2,4596	−2,7149	2,5900	−2,1026	1,3208
0,15	−1,8500	2,4225	−2,6316	2,4460	−1,8935	1,0569
0,16	−1,8400	2,3856	−2,5495	2,3055	−1,6926	0,8089
0,17	−1,8300	2,3489	−2,4685	2,1684	−1,4997	0,5761
0,18	−1,8200	2,3124	−2,3886	2,0348	−1,3148	0,3581
0,19	−1,8100	2,2761	−2,3097	1,9045	−1,1375	0,1543
0,20	−1,8000	2,2400	−2,2320	1,7776	−0,9677	−0,0358
0,21	−1,7900	2,2041	−2,1553	1,6540	−0,8052	−0,2126
0,22	−1,7800	2,1684	−2,0798	1,5336	−0,6500	−0,3766
0,23	−1,7700	2,1329	−2,0052	1,4164	−0,5017	−0,5283
0,24	−1,7600	2,0976	−1,9318	1,3023	−0,3603	−0,6682

*) Tafel φ_1 bis φ_{11} mit kleinerer Unterteilung zu beziehen durch Lehrstuhl Prof. Dr. Grammel, T. H. Stuttgart.

ζ	φ_1	φ_2	φ_3	φ_4	φ_5	φ_6
0,25	−1,7500	2,0625	−1,8594	1,1914	−0,2256	−0,7966
0,26	−1,7400	2,0276	−1,7880	1,0836	−0,0974	−0,9141
0,27	−1,7300	1,9929	−1,7177	0,9788	0,0245	−1,0211
0,28	−1,7200	1,9584	−1,6484	0,8769	0,1401	−1,1179
0,29	−1,7100	1,9241	−1,5802	0,7781	0,2497	−1,2051
0,30	−1,7000	1,8900	−1,5130	0,6821	0,3534	−1,2829
0,31	−1,6900	1,8561	−1,4468	0,5890	0,4514	−1,3519
0,32	−1,6800	1,8224	−1,3816	0,4987	0,5437	−1,4122
0,33	−1,6700	1,7889	−1,3175	0,4113	0,6307	−1,4645
0,34	−1,6600	1,7556	−1,2543	0,3265	0,7123	−1,5089
0,35	−1,6500	1,7225	−1,1921	0,2445	0,7887	−1,5458
0,36	−1,6400	1,6896	−1,1309	0,1651	0,8601	−1,5757
0,37	−1,6300	1,6569	−1,0707	0,0884	0,9266	−1,5988
0,38	−1,6200	1,6244	−1,0115	0,0143	0,9884	−1,6155
0,39	−1,6100	1,5921	−0,9533	−0,0573	1,0456	−1,6260
0,40	−1,6000	1,5600	−0,8960	−0,1264	1,0982	−1,6308
0,41	−1,5900	1,5281	−0,8397	−0,1930	1,1466	−1,6300
0,42	−1,5800	1,4964	−0,7843	−0,2572	1,1907	−1,6241
0,43	−1,5700	1,4649	−0,7299	−0,3190	1,2307	−1,6132
0,44	−1,5600	1,4336	−0,6764	−0,3784	1,2667	−1,5977
0,45	−1,5500	1,4025	−0,6239	−0,4355	1,2989	−1,5778
0,46	−1,5400	1,3716	−0,5723	−0,4903	1,3273	−1,5538
0,47	−1,5300	1,3409	−0,5216	−0,5429	1,3522	−1,5260
0,48	−1,5200	1,3104	−0,4718	−0,5933	1,3736	−1,4945
0,49	−1,5100	1,2801	−0,4230	−0,6414	1,3915	−1,4598
0,5	−1,5000	1,2500	−0,3750	−0,6875	1,4062	−1,4219
0,6	−1,4000	0,9600	0,0560	−1,0384	1,3978	−0,9185
0,7	−1,3000	0,6900	0,4030	−1,2139	1,1751	−0,3137
0,8	−1,2000	0,4400	0,6720	−1,2464	0,8237	0,2580
0,9	−1,1000	0,2100	0,8690	−1,1659	0,4135	0,7111
1,0	−1,0000	0,0000	1,0000	−1,0000	0,0000	1,0000
1,1	−0,9000	−0,1900	1,0710	−0,7739	−0,3745	1,1109
1,2	−0,8000	−0,3600	1,0880	−0,5104	−0,6797	1,0541
1,3	−0,7000	−0,5100	1,0570	−0,2299	−0,8961	0,8571
1,4	−0,6000	−0,6400	0,9840	0,0496	−1,0138	0,5587
1,5	0,5000	−0,7500	0,8750	0,3125	−1,0312	0,2031
1,6	−0,4000	−0,8400	0,7360	0,5456	−0,9542	−0,1039
1,7	−0,3000	−0,9100	0,5730	0,7381	−0,7044	−0,4998
1,8	−0,2000	−0,9600	0,3920	0,8816	−0,5683	−0,7679
1,9	−0,1000	−0,9900	0,1990	0,9701	−0,2960	−0,9405
2,0	0,0000	−1,0000	0,0000	1,0000	0,0000	−1,0000

Anhang 2

β_z-Werte

Arbeitsblätter 25 und 29 Verfahren Kraemer
(verkleinerte Wiedergabe)*

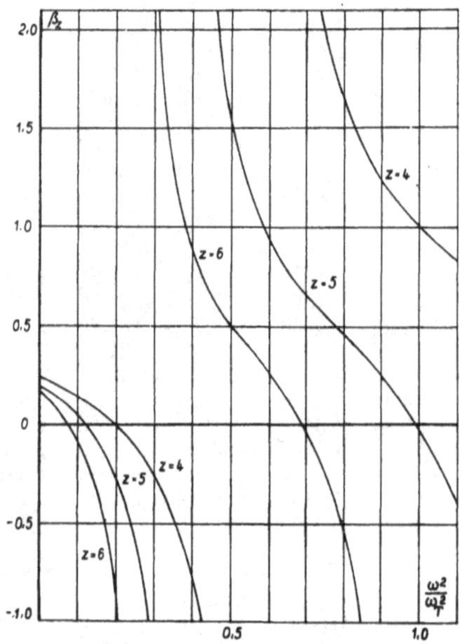

Abb. 58

* Gesamte Arbeitsblätter 24 bis 29 (β_2 bis β_{12}) DIN A 3 sind zu beziehen durch den Lehrstuhl Prof. Kraemer, T. H. Karlsruhe.

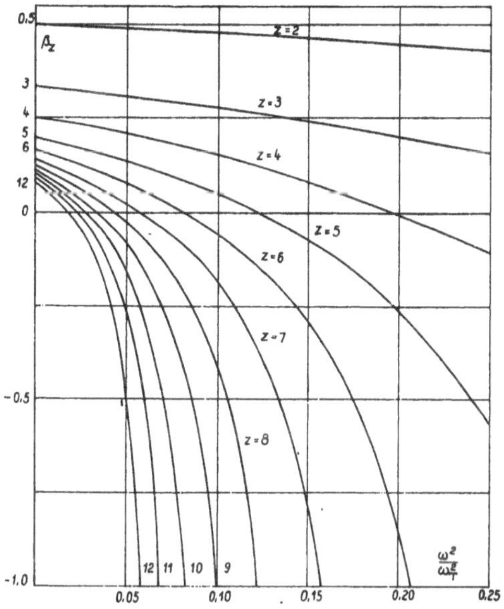

Abb. 59

Anhang 3

α_1^*- bis α_6^*-Werte

Verfahren Zipperer

ν $(\omega/\omega_0)^2$	α_1^*	α_2^*	α_3^*	α_4^*	α_5^*	α_6^*
0	+1,0000	1,0000	1,0000	1,0000	1,0000	1,0000
0,005		0,9950	0,9850	0,9701	0,9504	0,9259
0,010		0,9900	0,9701	0,9405	0,9015	0,8535
0,015		0,9850	0,9552	0,9111	0,8534	0,7828
0,020		0,9800	0,9404	0,8820	0,8059	0,7138
0,025		0,9750	0,9256	0,8531	0,7593	0,6464
0,030		0,9700	0,9109	0,8245	0,7133	0,5807
0,035		0,9650	0,8962	0,7961	0,6681	0,5167
0,040		0,9600	0,8816	0,7679	0,6236	0,4592
0,045		0,9550	0,8676	0,7401	0,5797	0,3934
0,050		0,9500	0,8525	0,7124	0,5366	0,3341
0,055		0,9450	0,8380	0,6850	0,4942	0,2763
0,060		0,9400	0,8236	0,6578	0,4525	0,2201
0,065		0,9350	0,8092	0,6309	0,4114	0,1654
0,070		0,9300	0,7949	0,6042	0,3711	0,1121
0,075		0,9250	0,7806	0,5777	0,3315	0,0603
0,080		0,9200	0,7664	0,5515	0,2924	0,0101
0,085		0,9150	0,7522	0,5255	0,2542	−0,0389
0,090		0,9100	0,7381	0,4998	0,2164	−0,0863
0,095		0,9050	0,7240	0,4743	0,1794	−0,1324
0,100		0,9000	0,7100	0,4490	0,1431	−0,1771
0,11		0,8900	0,6821	0,3992	0,0723	−0,2625
0,12		0,8800	0,6544	0,3503	0,0041	−0,3426
0,13		0,8700	0,6269	0,3023	−0,0616	−0,4175
0,14		0,8600	0,5996	0,2553	−0,1249	−0,4874
0,15		0,8500	0,5725	0,2091	−0,1856	−0,5525
0,16		0,8400	0,5456	0,1639	−0,2440	−0,6129
0,17		0,8300	0,5189	0,1196	−0,3001	−0,6687
0,18		0,8200	0,4924	0,0762	−0,3538	−0,7200
0,19		0,8100	0,4661	0,0336	−0,4052	−0,7670
0,20		0,8000	0,4400	−0,0080	−0,4544	−0,8099
0,21		0,7900	0,4141	−0,0488	−0,5013	−0,8488
0,22		0,7800	0,3884	−0,0886	−0,5462	−0,8836
0,23		0,7700	0,3629	−0,1277	−0,5888	−0,9147
0,24		0,7600	0,3376	−0,1658	−0,6295	−0,9420
0,25		0,7500	0,3125	−0,2031	−0,6680	−0,9658

ν $(\omega/\omega_0)^2$	α_1^*	α_2^*	α_3^*	α_4^*	α_5^*	α_6^*
0,26	+1,0000	0,7400	0,2876	−0,2396	−0,7044	−0,9862
0,27		0,7300	0,2629	−0,2752	−0,7389	−1,0033
0,28		0,7200	0,2384	−0,3100	−0,7715	−1,0170
0,29		0,7100	0,2141	−0,3439	−0,8021	−1,0278
0,30		0,7000	0,1900	−0,3770	−0,8309	−1,0365
0,31		0,6900	0,1661	−0,4093	−0,8578	−1,0404
0,32		0,6800	0,1424	−0,4408	−0,8829	−1,0424
0,33		0,6700	0,1189	−0,4714	−0,9069	−1,0420
0,34		0,6600	0,0956	−0,5013	−0,9278	−1,0383
0,35		0,6500	0,0725	−0,5304	−0,9476	−1,0331
0,36		0,6400	0,0496	−0,5587	−0,9658	−1,0252
0,37		0,6300	0,0269	−0,5862	−0,9823	−1,0150
0,38		0,6200	0,0044	−0,6129	−0,9972	−1,0027
0,39		0,6100	−0,0179	−0,6388	−1,0106	−0,9883
0,40		0,6000	−0,0400	−0,6640	−1,0224	−0,9718
0,41		0,5900	−0,0619	−0,6884	−1,0327	−0,9536
0,42		0,5800	−0,0836	−0,7121	−1,0415	−0,9335
0,43		0,5700	−0,1051	−0,7350	−1,0489	−0,9117
0,44		0,5600	−0,1264	−0,7572	−1,0548	−0,8883
0,45		0,5500	−0,1475	−0,7786	−1,0594	−0,8634
0,46		0,5400	−0,1684	−0,7993	−1,0626	−0,8370
0,47		0,5300	−0,1891	−0,8193	−1,0645	−0,8093
0,48		0,5200	−0,2096	−0,8386	−1,0651	−0,7803
0,49		0,5100	−0,2209	−0,8571	−1,0644	−0,7501
0,50		0,5000	−0,2500	−0,8750	−1,0625	−0,7187
0,6		0,4000	−0,4400	−1,0160	−0,9824	−0,3594
0,7		0,3000	−0,6100	−1,0930	−0,8109	0,0388
0,8		0,2000	−0,7600	−1,1120	−0,5744	0,4227
0,9		0,1000	−0,8900	−1,0790	−0,2969	0,7524
1,0		0,0000	−1,0000	−1,0000	0,0000	1,0000
1,1		−0,1000	−1,0900	−0,8810	0,2971	1,1484
1,2		−0,2000	−1,1600	−0,7280	0,5776	1,1901
1,3		−0,3000	−1,2100	−0,5470	0,8271	1,1260
1,4		−0,4000	−1,2400	−0,3440	1,0336	0,9642
1,5		−0,5000	−1,2500	−0,1250	1,1875	0,7187
1,6		−0,6000	−1,2400	0,1040	1,2810	0,4080
1,7		−0,7000	−1,2100	0,3370	1,3111	0,0563
1,8		−0,8000	−1,1600	0,5680	1,2736	−0,3133
1,9		−0,9000	−1,0900	0,7910	1,1691	−0,6741
2,0		−1,0000	−1,0000	1,0000	1,0000	−1,0000

Anhang 4

E_{01}*- bis E_{67}*-Werte

Verfahren Zipperer

$E_{01}^* = 0 =$ konstant

ν	E_{12}^*	E_{23}^*	E_{34}^*	E_{45}^*	E_{56}^*	E_{67}^*
0,000	0,0000	0,0000	0,0000	0,0000	0,0000	0,0000
0,005	−0,0050	−0,0090	−0,0149	−0,0198	−0,0245	−0,0291
0,010	−0,0100	−0,0199	−0,0296	−0,0390	−0,0480	−0,0566
0,015	−0,0150	−0,0298	−0,0441	−0,0578	−0,0706	−0,0840
0,020	−0,0200	−0,0396	−0,0584	−0,0760	−0,0922	−0,1064
0,025	−0,0250	−0,0494	−0,0725	−0,0938	−0,1128	−0,1290
0,030	−0,0300	−0,0591	−0,0864	−0,1112	−0,1326	−0,1499
0,035	−0,0350	−0,0688	−0,1001	−0,1280	−0,1514	−0,1694
0,040	−0,0400	−0,0784	−0,1131	−0,1443	−0,1693	−0,1875
0,045	−0,0450	−0,0880	−0,1270	−0,1603	−0,1864	−0,2041
0,050	−0,0500	−0,0975	−0,1399	−0,1757	−0,2026	−0,2193
0,055	−0,0550	−0,1070	−0,1531	−0,1907	−0,2179	−0,2331
0,060	−0,0600	−0,1164	−0,1655	−0,2053	−0,2324	−0,2456
0,065	−0,0650	−0,1258	−0,1783	−0,2187	−0,2461	−0,2569
0,070	−0,0700	−0,1351	−0,1901	−0,2330	−0,2590	−0,2669
0,075	−0,0750	−0,1444	−0,2020	−0,2462	−0,2711	−0,2756
0,080	−0,0800	−0,1536	−0,2140	−0,2590	−0,2824	−0,2832
0,085	−0,0850	−0,1628	−0,2261	−0,2714	−0,2930	−0,2897
0,090	−0,0900	−0,1719	−0,2383	−0,2833	−0,3028	−0,2950
0,095	−0,0950	−0,1810	−0,2497	−0,2948	−0,3118	−0,2993
0,100	−0,1000	−0,1900	−0,2610	−0,3059	−0,3202	−0,3025
0,11	−0,1100	−0,2079	−0,2829	−0,3268	−0,3348	−0,3059
0,12	−0,1200	−0,2256	−0,3041	−0,3462	−0,3467	−0,3055
0,13	−0,1300	−0,2431	−0,3246	−0,3639	−0,3559	−0,3016
0,14	−0,1400	−0,2604	−0,3443	−0,3801	−0,3626	−0,2944
0,15	−0,1500	−0,2775	−0,3634	−0,3947	−0,3669	−0,2840
0,16	−0,1600	−0,2944	−0,3817	−0,4079	−0,3689	−0,2708
0,17	−0,1700	−0,3110	−0,3993	−0,4196	−0,3686	−0,2549
0,18	−0,1800	−0,3276	−0,4162	−0,4299	−0,3663	−0,2367
0,19	−0,1900	−0,3439	−0,4325	−0,4388	−0,3618	−0,2163
0,20	−0,2000	−0,3600	−0,4480	−0,4464	−0,3555	−0,1935
0,21	−0,2100	−0,3759	−0,4629	−0,4526	−0,3473	−0,1691
0,22	−0,2200	−0,3916	−0,4770	−0,4576	−0,3374	−0,1430
0,23	−0,2300	−0,4425	−0,4906	−0,4612	−0,3258	−0,1154
0,24	−0,2400	−0,4224	−0,5034	−0,4636	−0,3125	−0,0865
0,25	−0,2500	−0,4375	−0,5156	−0,4648	−0,2978	−0,0564

ν	E_{12}^*	E_{23}^*	E_{34}^*	E_{45}^*	E_{56}^*	E_{67}^*
0,26	−0,2600	−0,4524	−0,5272	−0,4649	−0,2817	−0,0253
0,27	−0,2700	−0,4671	−0,5380	−0,4638	−0,2643	0,0066
0,28	−0,2800	−0,4816	−0,5483	−0,4615	−0,2455	0,0392
0,29	−0,2900	−0,4959	−0,5580	−0,4583	−0,2256	0,0724
0,30	−0,3000	−0,5100	−0,5670	−0,4539	−0,2046	0,1060
0,31	−0,3100	−0,5239	−0,5754	−0,4485	−0,1826	0,1399
0,32	−0,3200	−0,5376	−0,5832	−0,4421	−0,1596	0,1798
0,33	−0,3300	−0,5511	−0,5903	−0,4348	−0,1357	0,2081
0,34	−0,3400	−0,5644	−0,5969	−0,4265	−0,1110	0,2422
0,35	−0,3500	−0,5775	−0,6029	−0,4172	−0,0856	0,2760
0,36	−0,3600	−0,5904	−0,6083	−0,4071	−0,0594	0,3096
0,37	−0,3700	−0,6031	−0,6130	−0,3962	−0,0327	0,3428
0,38	−0,3800	−0,6156	−0,6173	−0,3844	−0,0054	0,3756
0,39	−0,3900	−0,6279	−0,6209	−0,3718	0,0223	0,4078
0,40	−0,4000	−0,6400	−0,6240	−0,3584	0,0506	0,4392
0,41	−0,4100	−0,6519	−0,6265	−0,3443	0,0791	0,4701
0,42	−0,4200	−0,6636	−0,6285	−0,3294	0,1080	0,5005
0,43	−0,4300	−0,6751	−0,6299	−0,3139	0,1372	0,5292
0,44	−0,4400	−0,6864	−0,6308	−0,2976	0,1665	0,5578
0,45	−0,4500	−0,6975	−0,6311	−0,2808	0,1960	0,5845
0,46	−0,4600	−0,7084	−0,6309	−0,2633	0,2255	0,6106
0,47	−0,4700	−0,7191	−0,6302	−0,2451	0,2552	0,6355
0,48	−0,4800	−0,7296	−0,6290	−0,2265	0,2848	0,6593
0,49	−0,4900	−0,7399	−0,6272	−0,2073	0,3143	0,6818
0,50	−0,5000	−0,7500	−0,6250	−0,1875	0,3437	0,7031
0,6	−0,6000	−0,8400	−0,5760	0,0336	0,6230	0,8387
0,7	−0,7000	−0,9100	−0,4830	0,2810	0,8497	0,8226
0,8	−0,8000	−0,9600	−0,3520	0,5376	0,9971	0,6590
0,9	−0,9000	−0,9900	−0,1890	0,7821	1,0493	0,3721
1,0	−1,0000	−1,0000	0,0000	1,0000	1,0000	0,0000
1,1	−1,1000	−0,9900	0,2090	1,1781	0,8513	−0,4120
1,2	−1,2000	−0,9600	0,4320	1,3056	0,6125	−0,8156
1,3	−1,3000	−0,9100	0,6630	1,3741	0,2989	−1,1649
1,4	−1,4000	−0,8400	0,8960	1,3776	−0,0694	−1,4193
1,5	−1,5000	−0,7500	1,1250	1,3125	−0,4687	−1,5468
1,6	−1,6000	−0,6400	1,3440	1,1776	−0,8730	−1,5267
1,7	−1,7000	−0,5100	1,5470	0,9741	−1,2548	−1,3505
1,8	−1,8000	−0,3600	1,7280	0,7056	−1,5869	−1,0229
1,9	−1,9000	−0,1900	1,8810	0,3781	−1,8432	−0,5024
2,0	−2,0000	0,0000	2,0000	0,0000	−2,0000	0,0000

Sach- und Namensverzeichnis

Druckfehlerverzeichnis*)

Bd. I (Slg. Göschen Bd. 953)

S. 16 Formel (208): $E_p + \mathbf{E}_k = E_0$

S. 17 Formel (210): $E_0 = \frac{1}{2} c a^{\mathbf{2}}$

S. 49 Z. 7 v. o.: $E_p + E_k = E_0 =$ **konst.**

S. 110 Z. 2 v. u.: **cos** $\boldsymbol{\varphi}$ **+ i sin** φ **= cis** $\boldsymbol{\varphi}$

S. 112 **Fußnote Galle**

S. 118 Z. 6 v. o.: $a_0 = \frac{A_0}{24} = \frac{1817}{24} = \mathbf{75{,}71}$

Tabelle: $a_0 = \mathbf{75{,}71}$

S. 118 Z. 9 v. u.: $y = \mathbf{0{,}71} + 40{,}1 \sin(\boldsymbol{x} - 60°) + \ldots$

*) korrigierte Größen „**fett**" gedruckt.

GESAMTVERZEICHNIS

SAMMLUNG GÖSCHEN

DAS WISSEN DER WELT IN KURZEN, KLAREN, ALLGEMEINVERSTÄNDLICHEN EINZELDARSTELLUNGEN NACH DEN LEHRPLÄNEN DER DEUTSCHEN UNIVERSITÄTEN UND HOCHSCHULEN AUFGEBAUT

JEDER BAND DM 2,40

DOPPELBAND DM 4,80

STAND NOVEMBER 1954

WALTER DE GRUYTER & CO.
BERLIN W 35

INHALTSVERZEICHNIS

Geisteswissenschaften

Philosophie · Pädagogik · Psychologie · Soziologie

Einführung in die Philosophie von *H. Leisegang*. 2. Auflage. 145 Seiten. 1953. . . . . Bd. 281

Erkenntnistheorie von *G. Kropp*. 1. Teil: Allgemeine Grundlegung. 143 Seiten. 1950 . . . . Bd. 807

Hauptprobleme der Philosophie von *G. Simmel*†. 7., unveränd. Auflage. 177 Seiten. 1950 . . . . Bd. 500

Geschichte der Philosophie

I: Die griechische Philosophie von *W. Capelle*. 1. Teil. Von Thales bis Leukippos. 2., erweiterte Auflage. 135 Seiten. 1953 . . . . Bd. 857

II: Die griechische Philosophie von *W. Capelle*. 2. Teil. Von der Sophistik bis zum Tode Platons. 2., stark erweiterte Auflage. 144 Seiten. 1953 . . . . Bd. 858

III: Die griechische Philosophie von *W. Capelle*. 3. Teil. Vom Tode Platons bis zur Alten Stoa. 2., stark erweiterte Auflage. 132 Seiten. 1954 . . . . Bd. 859

IV: Die griechische Philosophie von *W. Capelle*. 4. Teil. Von der Alten Stoa bis zum Eklektizismus im 1. Jahrhundert v. Chr. 2., stark erweiterte Auflage. 132 Seiten. 1954 . . . . Bd. 863

V: Die Philosophie des Mittelalters von *J. Koch*. In Vorbereitung . . . . Bd. 826

VI: Von der Renaissance bis Kant von *K. Schilling*. 234 Seiten. 1954 . . . . Bd. 394 / 394a

VII: Immanuel Kant von *G. Lehmann*. In Vorbereitung . Bd. 536

VIII: Die Philosophie des 19. Jahrhunderts von *G. Lehmann*. 1. Teil. 151 Seiten. 1953 . . . . Bd. 571

IX: Die Philosophie des 19. Jahrhunderts von *G. Lehmann*. 2. Teil. 168 Seiten. 1953 . . . . Bd. 709

X: Die Philosophie im ersten Drittel des 20. Jahrhunderts von *G. Lehmann*. In Vorbereitung . . . . . . Bd. 845

Die geistige Situation der Zeit (1931) von *K. Jaspers*. 3., unveränderter Abdruck der 1932 bearbeiteten 5. Auflage. 211 Seiten. 1953 . . . . Bd. 1000

Philosophisches Wörterbuch von *M. Apel* †. 4., unveränderte Auflage. 260 Seiten. 1953 . . . . Bd. 1031

Geschichte der Pädagogik von *H. Weimer*. 11., neubearbeitete und vermehrte Auflage. 176 Seiten. 1954. . . . . Bd. 145

Therapeutische Psychologie. Freud – Adler – Jung von *W. M. Kranefeldt*. Mit einer Einführung von *C. G. Jung*. 2. Auflage. 152 Seiten. 1950 . . . . Bd. 1034

Soziologie. Geschichte und Hauptprobleme von *L. von Wiese*. 5. Auflage. 162 Seiten. 1954 . . . . Bd. 101

Religionswissenschaften

Jesus von *M. Dibelius* †. 2. Auflage. Unveränderter Nachdruck. 137 Seiten. 1949 . . . . Bd. 1130

Paulus von *M. Dibelius* †. Nach dem Tode des Verfassers herausgegeben und zu Ende geführt von *W. G. Kümmel*. 155 Seiten. 1951 . . . . Bd. 1106

Musik

Musikästhetik von *H. J. Moser*. 180 Seiten. 1953 . . . . Bd. 344
Systematische Modulation von *R. Hernried*. 2. Auflage. 136 Seiten. 1950 . . . . Bd. 1094
Der polyphone Satz von *E. Pepping*. 1. Teil: Der cantus-firmus-Satz. 2. Auflage. 223 Seiten. 1950 . . . . Bd. 1148
Harmonielehre von *H. J. Moser*.
I: 112 Seiten. 1954 . . . . Bd. 809
II: In Vorbereitung . . . . Bd. 810
Technik der deutschen Gesangskunst von *H. J. Moser*. Dritte, durchges. u. verbesserte Auflage. 144 Seiten mit 5 Fig. 1954 . . . . Bd. 576/576a
Die Kunst des Dirigierens von *H. W. von Waltershausen*. 2. Auflage. 138 Seiten. 1954 . . . . Bd. 1147
Die Technik des Klavierspiels aus dem Geiste des musikalischen Kunstwerkes von *K. Schubert* †. 3. Auflage. 110 Seiten. 1954 . . . . Bd. 1045
Die Musik des 19. Jahrhunderts von *W. Oehlmann*. 180 Seiten. 1953 . . . . Bd. 170
Allgemeine Musiklehre von *H. J. Moser*.
2., durchges. Auflage. 155 Seiten. 1955. . . . . . . Bd. 220/220a

Kunst

Stilkunde von *H. Weigert*.
I: Vorzeit, Antike, Mittelalter. 2. Auflage. 136 Seiten. Mit 94 Abbildungen. 1954 . . . . Bd. 80
II: Spätmittelalter und Neuzeit. 2. Auflage. 146 Seiten. Mit 84 Abbildungen. 1954 . . . . Bd. 781

Geschichte

Einführung in die Geschichtswissenschaft von *P. Kirn*. 2. Auflage. 121 Seiten. 1952 . . . . Bd. 270
Archäologie von *A. Rumpf*.
I: Einleitung, historischer Überblick. 143 Seiten mit 6 Abbildungen im Text und 12 Tafeln. 1953 . . . . . Bd. 538
II: In Vorbereitung . . . . Bd. 539
Kultur der Urzeit von *F. Behn*. 4. Auflage der „Kultur der Urzeit". Band I–III von *M. Hoernes*.
I: Die vormetallischen Kulturen. (Die Steinzeiten Europas. Gleichartige Kulturen in anderen Erdteilen). 172 Seiten mit 48 Abbildungen. 1950 . . . . Bd. 564
II: Die älteren Metallkulturen. (Der Beginn der Metallbenutzung. Kupfer- und Bronzezeit in Europa, im Orient und in Amerika). 160 Seiten mit 67 Abbildungen. 1950 Bd. 565
III: Die jüngeren Metallkulturen. (Das Eisen als Kulturmetall. Hallstatt-Latène-Kultur in Europa. Das erste Auftreten des Eisens in den anderen Erdteilen). 149 Seiten mit 60 Abbildungen. 1950. . . . . Bd. 566
Vorgeschichte Europas von *F. Behn*. Völlig neue Bearbeitung der 7. Auflage der „Urgeschichte der Menschheit" von *M. Hoernes*. 125 Seiten mit 47 Abbildungen. 1949 . . . Bd. 42

Von den Karolingern zu den Staufern von *J. Haller*. Die altdeutsche Kaiserzeit (900–1250). 3. Auflage. 141 Seiten mit 4 Karten. 1944 . . . . Bd. 1065

Deutsche Geschichte im Zeitalter der Reformation, der Gegenreformation und des 30jährigen Krieges von *F. Hartung*. 129 Seiten. 1951 . . . . Bd. 1105

Quellenkunde der deutschen Geschichte im Mittelalter von *K. Jacob*† (bis zur Mitte des 15. Jahrhunderts).

I: Einleitung, Allgemeiner Teil. Die Zeit der Karolinger. 5. Auflage. 118 Seiten. 1949 . . . . Bd. 279

II: Die Kaiserzeit (911 – 1250). 4. Auflage. 127 Seiten. 1949 . . . . Bd. 280

III: Das Spätmittelalter (vom Interregnum bis 1500). Unter Verwendung der Hinterlassenschaft herausgegeben von *F. Weden*. 152 Seiten. 1952 . . . . Bd. 284

Badische Geschichte von A. Krieger. 137 Seiten. 1921 . . . . Bd. 230

Geschichte Englands von *H. Preller*.

I: bis 1815. 3., stark umgearbeitete Auflage. 135 Seiten mit 7 Stammtafeln und 2 Karten im Text. 1952 . . . . Bd. 375

II: von 1815 bis 1910. 2., völlig umgearb. Auflage. 118 S. mit 1 Stammtafel und 7 Karten im Text. 1954 . . . Bd. 1088

Thüringische Geschichte von *E. Devrient*. 2. Auflage. 136 Seiten. 1921. . . . . Bd. 352

Deutsche Sprache und Literatur

Deutsches Rechtschreibungswörterbuch von *M. Gottschald*. 2., verbesserte Auflage. 269 Seiten. 1953 . . . . Bd. 200/200a

Deutsche Wortkunde von *A. Schirmer*. Eine kulturgeschichtliche Betrachtung des deutschen Wortschatzes. 3., durchgesehene Auflage. 109 Seiten. 1949 . . . . Bd. 929

Deutsche Sprachlehre von *W. Hofstaetter*. 9., neubearbeitete Auflage von *G. Spree*. 144 Seiten. 1953 . . . . Bd. 20

Redetechnik von *H. Biehle*. Einführung in die Rhetorik. 115 Seiten. 1954 . . . . Bd. 61

Sprechen und Sprachpflege von *H. Feist*. (Die Kunst des Sprechens). 2., verbesserte Auflage. 99 Seiten mit 25 Abbildungen. 1952 . . . . Bd. 1122

Deutsches Dichten und Denken von der germanischen bis zur staufischen Zeit von *H. Naumann*. (Deutsche Literaturgeschichte vom 5.–13. Jahrhundert). 2., verbesserte Auflage. 166 Seiten. 1952 . . . . Bd. 1121

Deutsches Dichten und Denken vom Mittelalter zur Neuzeit von *G. Müller* (1270–1700). 2., durchgesehene Auflage. 159 Seiten. 1949 . . . . Bd. 1086

Deutsches Dichten und Denken von der Aufklärung bis zum Realismus von *K. Viëtor* (Deutsche Literaturgeschichte von 1700–1890). 2., durchgesehene Auflage. 156 Seiten. 1949 . . . . Bd. 1096

Der Nibelunge Nôt in Auswahl mit kurzem Wörterbuch von *K. Langosch*. 9., umgearbeitete Auflage. 164 Seiten. 1953 . . . . Bd. 1

Die deutschen Personennamen von *M. Gottschald*. 2., verbesserte Auflage. 151 Seiten. 1955 . . . . Bd. 422

Indogermanisch · Germanisch

Gotisches Elementarbuch von *H. Hempel.* Grammatik, Texte mit Übersetzung und Erläuterungen. 2., umgearbeitete Auflage. 165 Seiten. 1953 . . . . Bd. 79

Indogermanische Sprachwissenschaft von *H. Krahe.* 2. Auflage. 134 Seiten. 1948 . . . . Bd. 59

Germanische Sprachwissenschaft von *H. Krahe.* 2. Auflage.
II: Formenlehre. 140 Seiten. 1948 . . . . Bd. 780

Althochdeutsches Elementarbuch von *H. Naumann* † und *W. Betz.* 2. Auflage. 156 Seiten. 1954 . . . . Bd. 1111

Altnordisches Elementarbuch von *F. Ranke.* Schrifttum, Sprache, Texte mit Übersetzung und Wörterbuch. 2., durchgesehene Auflage. 146 Seiten. 1949 . . . . . Bd. 1115

Englisch · Französisch · Italienisch

Altenglisches Elementarbuch von *M. Lehnert.* Einführung, Grammatik, Texte mit Übersetzung und Wörterbuch. 2., verbesserte und vermehrte Aufl. 176 Seiten. 1950 . Bd. 1125

Beowulf von *M. Lehnert.* Eine Auswahl mit Einführung, teilweiser Übersetzung, Anmerkungen und etymologischem Wörterbuch. 2., verbesserte Auflage. 135 Seiten. 1949 Bd. 1135

Englische Literaturgeschichte.
I: Die alt- und mittelenglische Periode von *F. Schubel.* 163 Seiten. 1954 . . . . Bd. 1114
II: Von der Renaissance bis zur Aufklärung von *Paul Meissner*†. 139 Seiten. 1937 . . . . Bd. 1116
III: Romantik und Viktorianismus von *Paul Meissner*†. 150 Seiten. 1938 . . . . Bd. 1124
IV: Das 20. Jahrhundert von *Paul Meissner*†. 150 Seiten. 1939 . . . . Bd. 1136

Italienische Literaturgeschichte von *K. Vossler.* Unveränderter Nachdruck der 1927 erschienenen 4., durchgesehenen und verbesserten Auflage. 148 Seiten. 1948 . . . . Bd. 125

Shakespeare von *P. Meissner*†. 2. Auflage, neubearbeitet von M. Lehnert. 136 Seiten. 1954 . . . . Bd. 1142

Griechisch · Lateinisch

Griechische Sprachwissenschaft von *W. Brandenstein.*
I: Einleitung, Lautsystem, Etymologie. 160 Seiten. 1954 Bd. 117

Geschichte der griechischen Sprache
I: Bis zum Ausgang der klassischen Zeit. Von *O. Hoffmann*†. 3., umgearbeitete Auflage von *A. Debrunner.* 156 Seiten. 1954 . . . . Bd. 111
II: Grundfragen und Grundzüge d. nachklass. Griechisch. Von *A. Debrunner.* 144 Seiten. 1954 . . . . Bd. 114

Geschichte der griechischen Literatur von *W. Nestle.* 2., verbesserte Auflage.
I: Von den Anfängen bis auf Alexander d. Gr. 148 Seiten. 1950 . . . . Bd. 70
II: Von Alexander d. Gr. bis zum Ausgang der Antike. 128 Seiten. 1948 . . . . Bd. 557

Geschichte der lateinischen Sprache von *F. Stolz* †. 3., stark umgearbeitete Auflage von *A. Debrunner*. 136 Seiten. 1953 . . . . Bd. 492

Hebräisch · Sanskrit · Russisch

Hebräische Grammatik von *G. Beer*†. 2., völlig neubearbeitete Auflage von *R. Meyer*.
I: Schrift-, Laut- und Formenlehre I. 157 Seiten. 1952. Bd. 763/763a
II: Schrift-, Laut- und Formenlehre II. 1954. In Vorbereitung . . . . Bd. 764/764a
Sanskrit-Grammatik von *M. Mayrhofer*. 89 Seiten. 1953 . . . Bd. 1158
Russische Grammatik von *G. Berneker*. 6., unveränderte Auflage von *M. Vasmer*. 155 Seiten. 1947 . . . . Bd. 66

Erd- und Länderkunde

Afrika von *F. Jaeger*. Ein geographischer Überblick. 2., umgearbeitete Auflage.
I: Der Lebensraum. 179 Seiten mit 18 Abbildungen. 1954 Bd. 910
II: Mensch und Kultur. 155 Seiten mit 6 Abbildungen. 1954 Bd. 911
Australien und Ozeanien von *H. J. Krug*. 176 Seiten mit 46 Skizzen. 1953 . . . . Bd. 319
Kartenkunde von *M. Eckert-Greifendorff*†. 3., durchgesehene Auflage von *W. Kleffner*. 149 Seiten mit 63 Abb. 1950 Bd. 30

Volkswirtschaft · Publizistik

Allgemeine Betriebswirtschaftslehre von *K. Mellerowicz*. 8., unveränderte Auflage.
I: 142 Seiten. 1954 . . . . Bd. 1008
II: 112 Seiten. 1954 . . . . Bd. 1153
III: 143 Seiten. 1954 . . . . Bd. 1154
Zeitungslehre von *E. Dovifat*. 3., neubearbeitete Auflage. 1955. 2 Bände. In Vorbereitung . . . . Bd. 1039/1040

Naturwissenschaften

Mathematik

Geschichte der Mathematik von *J. E. Hofmann.*
I: Von den Anfängen bis zum Auftreten von Fermat und Descartes. 200 Seiten. 1953 . . . . Bd. 226

Mathematische Formelsammlung von *F. Ringleb.* Vollständig umgearbeitete Neuausgabe des Werkes von *O. Th. Bürklen.* 5., verbesserte Auflage. 274 Seiten mit 57 Figuren. 1949 . . . . Bd. 51

Fünfstellige Logarithmen von *A. Adler.* Mit mehreren graphischen Rechentafeln und häufig vorkommenden Zahlwerten. 2. Auflage. Neudruck. 127 Seiten mit 1 Tafel. 1949 . . . . Bd. 423

Höhere Algebra von *H. Hasse.* 3., verbesserte Auflage.
I: Lineare Gleichungen. 152 Seiten. 1951 . . . . Bd. 931
II: Gleichungen höheren Grades. 158 Seiten mit 5 Figuren. 1951 . . . . Bd. 932

Aufgabensammlung zur höheren Algebra von *H. Hasse* und *W. Klobe.* 2., verbesserte und vermehrte Auflage. 181 Seiten. 1952 . . . . Bd. 1082

Elementare und klassische Algebra vom modernen Standpunkt von *W. Krull.* 2., erweiterte Auflage.
I: 136 Seiten. 1952 . . . . Bd. 930

Einführung in die Zahlentheorie von *A. Scholz†.* Überarbeitet von *B. Schoeneberg.* 1955. In Vorbereitung . . . . . . Bd. 1131

Gruppentheorie von *L. Baumgartner.* 2. Auflage. 115 Seiten mit 6 Figuren. 1949 . . . . Bd. 837

Funktionentheorie von *K. Knopp.* 7. Auflage.
I: Grundlagen der allgemeinen Theorie der analytischen Funktionen. 139 Seiten. Nachdruck 1954 . . . . Bd. 668
II: Anwendungen und Weiterführung der allgemeinen Theorie. 130 Seiten. Nachdruck 1954 . . . . Bd. 703

Aufgabensammlung zur Funktionentheorie von *K. Knopp.* 4. Auflage.
I: Aufgaben zur elementaren Funktionentheorie. 135 Seiten. 1949 . . . . Bd. 877
II: Aufgaben zur höheren Funktionentheorie. 151 Seiten. 1949 . . . . Bd. 878

Elemente der Funktionentheorie von *K. Knopp.* 3. Auflage. 144 Seiten. Nachdruck 1954 . . . . Bd. 1109

Differentialrechnung von *A. Witting†.* 3., neubearbeitete Auflage. Durchgesehener Neudruck. 201 Seiten mit 95 Figuren und 200 Beispielen. 1949 . . . . Bd. 87

Repetitorium und Aufgabensammlung zur Differentialrechnung von *A. Witting*†. 2., neubearbeitete Auflage. Durchgesehener Neudruck. 145 Seiten. 1949 . . . . Bd. 146

Integralrechnung von *A. Witting*†. 2., verbesserte Auflage. Durchgesehener Neudruck. 176 Seiten mit 62 Figuren und 190 Beispielen . . . . Bd. 88

Repetitorium und Aufgabensammlung zur Integralrechnung von *A. Witting*†. 2., neubearbeitete Auflage. Durchgesehener Neudruck. 121 Seiten mit 32 Figuren und 309 Beispielen. 1949. . . . . Bd. 147

Gewöhnliche Differentialgleichungen von *G. Hoheisel*. 4., neubearbeitete Auflage. 129 Seiten. 1951 . . . . Bd. 920

Partielle Differentialgleichungen von *G. Hoheisel*. 3., neubearbeitete Auflage. Etwa 130 Seiten. 1954 . . . . . Bd. 1003

Aufgabensammlung zu den gewöhnlichen und partiellen Differentialgleichungen von *G. Hoheisel*. 2., umgearbeitete Auflage. 124 Seiten. 1952 . . . . Bd. 1059

Darstellende Geometrie von *W. Haack*.

I: Die wichtigsten Darstellungsmethoden. Grund- und Aufriß ebenmäßiger Körper. 106 Seiten mit 117 Abbildungen. 1954 . . . . Bd. 142

II: Körper mit krummen Begrenzungsflächen. Kotierte Projektionen. 129 Seiten mit 86 Abbildungen. 1954 . . Bd. 143

Sammlung von Aufgaben und Beispielen zur analytischen Geometrie der Ebene von *R. Haussner*. Mit den vollständigen Lösungen. 139 Seiten mit 22 Figuren im Text. Neudruck. 1949 . . . . Bd. 256

Nichteuklidische Geometrie von *R. Baldus*†. Hyperbolische Geometrie der Ebene. 3., verbesserte Auflage, durchgesehen und herausgegeben von *F. Löbell*. 140 Seiten mit 70 Figuren im Text. 1954 . . . . Bd. 970

Differentialgeometrie von *K. Strubecker* (früher Rothe). 2 Bände. In Vorbereitung . . . . Bd. 1113

Einführung in die konforme Abbildung von *L. Bieberbach*. 4. Auflage. 147 Seiten mit 42 Zeichnungen. 1949 . . . Bd. 768

Vektoranalysis von *S. Valentiner*. Neudruck der 7. Auflage (1950). 138 Seiten mit 19 Figuren. 1954 . . . . Bd. 354

Vermessungskunde von *P. Werkmeister*.

I: Stückmessung und Nivellieren. 9. Auflage. 165 Seiten mit 145 Figuren. 1949 . . . . Bd. 468

II: Messung von Horizontalwinkeln. Festlegung von Punkten im Koordinatensystem. Absteckungen. 7. Auflage. 151 Seiten mit 93 Figuren. 1949 . . . . Bd. 469

III: Trigonometrische und barometrische Höhenmessung. Tachymetrie und Topographie. 6. Auflage. 147 Seiten mit 64 Figuren. 1949 . . . . Bd. 862

Versicherungsmathematik von *F. Böhm*.

I: Elemente der Versicherungsrechnung. 3., vermehrte und verbesserte Auflage. Durchgesehener Neudruck. 151 Seiten. 1954. . . . . Bd. 180

II: Lebensversicherungsmathematik. Einführung in die technischen Grundlagen der Sozialversicherung. 2., verbesserte Auflage. 205 Seiten. 1953 . . . . Bd. 917/917a

Physik

Einführung in die theoretische Physik von *W. Döring*
I: Mechanik. 119 Seiten mit 29 Abbildungen. 1954 . . . Bd. **76**
II: Theorie des elektromagnetischen Feldes. In Vorbereitg. Bd. **77**

Atomphysik von *K. Bechert* und *Ch. Gerthsen*. 3., umgearb. Auflage.
I und II: 1955. In Vorbereitung . . . . Bd. 1009/1033
III: Theorie des Atombaus. 1. Teil von *K. Bechert*. 148 Seit. mit 16 Abbildungen. 1954 . . . . Bd. 1123/1123a
IV: Theorie des Atombaus. 2. Teil von *K. Bechert*. 170 Seiten mit 14 Abbildungen .1954 . . . . Bd. 1165/1165a

Differentialgleichungen der Physik von *F. Sauter*. 2. Auflage. 148 Seiten mit 16 Figuren. 1950 . . . . Bd. 1070

Physikalische Formelsammlung von *G. Mahler* und *K. Mahler*. 8., verbesserte Auflage. 153 Seiten mit 69 Figuren. 1950 Bd. **136**

Physikalische Aufgabensammlung von *G. Mahler* und *K. Mahler*. Mit den Ergebnissen. 8. Auflage. 1955. In Vorbereitung . . . . Bd. **243**

Chemie

Geschichte der Chemie von *G. Lockemann*. **In kurzgefaßter** Darstellung
I: Vom Altertum bis zur Entdeckung des Sauerstoffs. 142 Seiten mit 8 Bildnissen. 1950 . . . . Bd. **264**
II: Von der Entdeckung des Sauerstoffs bis zur Gegenwart. In Vorbereitung . . . . Bd. **265**

Anorganische Chemie von *W. Klemm*. 8. Auflage. 184 Seiten mit 18 Abbildungen. 1954 . . . . Bd. **37**

Organische Chemie von *W. Schlenk*. 6., erweiterte Auflage. 263 Seiten. 1954 . . . . Bd. 38, 38a

Allgemeine und physikalische Chemie von *W. Schulze*.
I: 1955. In Vorbereitung . . . . Bd. **71**
II: 3., durchgesehene Auflage. 160 Seiten mit 36 Fig. 1949. Bd. **698**
III: Molekülbau. 1955. In Vorbereitung . . . . Bd. **786**

Analytische Chemie von *J. Hoppe*. 5., verbesserte Auflage.
I: Reaktionen. 135 Seiten. 1950 . . . . Bd. **247**
II: Gang der qualitativen Analyse. 166 Seiten. 1950 . . . Bd. **248**

Maßanalyse von *G. Jander* und *K. F. Jahr*. Theorie und Praxis der klassischen und der elektrochemischen Titrierverfahren. 6. Auflage.
I: 140 Seiten mit 18 Figuren. 1952 . . . . Bd. 221
II: 139 Seiten mit 24 Figuren. 1952 . . . . Bd. 1002

Thermochemie von *W. A. Roth*. 2., verbesserte Auflage. 109 Seiten mit 16 Figuren. 1952 . . . . Bd. 1057

Physikalisch-chemische Rechenaufgaben von *E. Asmus*. 2. Auflage. 96 Seiten. 1949 . . . . Bd. **445**

Stöchiometrische Aufgabensammlung von *W. Bahrdt* und *R. Scheer*. Mit den Ergebnissen. 5., verbesserte Auflage. 120 Seiten. 1952 . . . . Bd. **452**

Elektrochemie und ihre physikalisch-chemischen Grundlagen von *A. Dassler*.
I: 149 Seiten mit 21 Abbildungen. 1950 . . . . Bd. **252**
II: 178 Seiten mit 17 Abbildungen. 1950 . . . . Bd. **253**

Technologie

Warenkunde von *K. Hassak*† und *E. Beutel*†. 7. Auflage. Neubearbeitet von *A. Kutzelnigg*.
I: Anorganische Waren sowie Kohle und Erdöl. 116 Seiten mit 19 Figuren. 1947 . . . . Bd. 222
II: Organische Waren. 143 Seiten mit 32 Figuren. 1949 . . Bd. 222

Die Fette und Öle von *K. Braun*†. 5., völlig neubearbeitete und verbesserte Auflage von *Th. Klug*. 145 Seiten. 1950 . . Bd. 335

Die Seifenfabrikation von *K. Braun*†. 3., neubearbeitete und verbesserte Auflage von *Th. Klug*. 116 Seiten mit 18 Abbildungen. 1953 . . . . Bd. 336

Textilindustrie von *A. Blümcke*.
I: Spinnerei und Zwirnerei. 112 Seiten mit 43 Abbildungen. 1954. . . . . Bd. 184

Biologie

Hormone von *G. Koller*. 2., neubearbeitete und erweiterte Auflage. 187 Seiten mit 60 Abbildungen und 19 Tabellen. 1949 . . . . Bd. 1141

Fortpflanzung im Tier- und Pflanzenreich von *J. Hämmerling*. 2., ergänzte Auflage. 135 Seiten mit 101 Abbildungen. 1951 . . . . Bd. 1138

Geschlecht und Geschlechtsbestimmung im Tier- und Pflanzenreich von *M. Hartmann*. 2., verbesserte Auflage. 116 Seiten mit 61 Abbildungen und 7 Tabellen. 1951 . Bd. 1127

Grundriß der allgemeinen Mikrobiologie von *W. Schwartz*
I: 104 Seiten mit 17 Abbildungen. 1949 . . . . Bd. 1155
II: 93 Seiten mit 12 Abbildungen. 1949 . . . . Bd. 1157

Symbiose der Tiere mit pflanzlichen Mikroorganismen von *P. Buchner*. 2., verbesserte und vermehrte Auflage. 130 Seiten mit 121 Abbildungen. 1949 . . . . Bd. 1128

Botanik

Entwicklungsgeschichte desPflanzenreiches von *H. Heil*. 2. Auflage. 138 Seiten mit 94 Abbildungen und 1 Tabelle. 1950 Bd. 1137

Morphologie der Pflanzen von *L. Geitler*. 3. Auflage. 126 Seiten mit 114 Abbildungen. 1954 . . . . Bd. 141

Pflanzenzüchtung von *H. Kuckuck*. 3., völlig umgearbeitete Auflage.
I: Grundzüge der Pflanzenzüchtung. 132 Seiten mit 22 Abbildungen. 1952 . . . . Bd. 1134

Die Laubhölzer von *F. W. Neger*† und *E. Münch*†. Kurzgefaßte Beschreibung der in Mitteleuropa gedeihenden Laubbäume und Sträucher. 3., durchgesehene Auflage, herausgegeben von *B. Huber*. 143 Seiten mit 63 Figuren und 7 Tabellen. 1950 . . . . Bd. 718

Die Nadelhölzer (Koniferen) und übrigen Gymnospermen von *F. W. Neger*† und *E. Münch*†. 4. Auflage. Durchgesehen und ergänzt von *B. Huber*. 140 Seiten mit 75 Figuren, 4 Tabellen und 3 Karten. 1952 . . . . Bd. 355

Zoologie

Entwicklungsphysiologie der Tiere von *F. Seidel.*
I: Ei und Furchung. 126 Seiten mit 29 Abbildungen. 1953 . . . . Bd. 1162
II: Körpergrundgestalt und Organbildung. 159 Seiten mit 42 Abbildungen. 1953 . . . . Bd. 1163

Das Tierreich.
Fische von *D. Lüdemann.* In Vorbereitung . . . . . Bd. 356
Insekten von *H. von Lengerken.* 128 Seiten mit 58 Abbildungen. 1953 . . . . Bd. 594
Lurche von *K. Herter.* 140 Seiten mit 129 Abbild. 1955 Bd. 847
Spinnentiere von *A. Kaestner.* 96 S. mit 55 Abb. 1955. Bd. 1161
Würmer von *S. Jaeckel.* 112 Seiten mit 36 Abbild. 1954 Bd. 439
Weichtiere von *S. Jaeckel.* 92 Seiten mit 34 Abbildungen. 1955 . . . . Bd. 440

Vergleichende Physiologie der Tiere von *K. Herter.* 3. Auflage der „Tierphysiologie".
I: Stoff- und Energiewechsel. 155 Seiten mit 64 Abbild. 1950 . . . . Bd. 972
II: Bewegung und Reizerscheinungen. 148 Seiten mit 110 Abbildungen. 1950 . . . . Bd. 973

Land- und Forstwirtschaft

Landwirtschaftliche Tierzucht von *H. Vogel.* Die Züchtung und Haltung der landwirtschaftlichen Nutztiere. 139 Seiten mit 11 Abbildungen. 1952 . . . . Bd. 228

Kulturtechnische Bodenverbesserungen von *O. Fauser.* 4., neubearbeitete Auflage.
I: Allgemeines, Entwässerung. 122 Seiten mit 47 Abbildungen. 1947 . . . . Bd. 691
II: Bewässerung, Ödlandkultur, Umlegung. 150 Seiten mit 67 Abbildungen. 1949 . . . . Bd. 692

Agrikulturchemie von *K. Scharrer.*
I: Pflanzenernährung. 143 Seiten. 1953 . . . . Bd. 329

Geologie · Mineralogie · Kristallographie

Kristallographie von *W. Bruhns*† und *P. Ramdohr.* 4. Auflage. 106 Seiten mit 163 Abbildungen. 1954 . . . . Bd. 210

Einführung in die Kristalloptik von *E. Buchwald.* 4., verbess. Auflage. 138 Seiten mit 121 Figuren. 1952 . . . . . . Bd. 619

Lötrohrprobierkunde von *M. Henglein.* Mineraldiagnose mit Lötrohr- und Tüpfelreaktion. 3., verbesserte Auflage. 91 Seiten mit 11 Figuren. 1949 . . . . Bd. 483

Mineral- und Erzlagerstättenkunde von *H. Huttenlocher.*
I: 128 Seiten mit 34 Abbildungen. 1954 . . . . Bd. 1014
II: 156 Seiten mit 48 Abbildungen. 1954 . . . . . Bd. 1015/1015a

Mineralogie von *R. Brauns*† und *K. F. Chudoba.* 9. Auflage.
I: Allgemeine Mineralogie. 1955. In Vorbereitung . . . Bd. 29
II: Spezielle Mineralogie. 1955. In Vorbereitung . . . . Bd. 31

Petrographie. Von *W. Bruhns*† und *P. Ramdohr.* 4., durchgesehene Auflage. Mit 10 Abbildungen. 1955. In Vorbereitung . . . . Bd. 173

Geologie von *F. Lotze.* 1955. In Vorbereitung . . . . Bd. 13

Technik

Elektrotechnik

Die Gleichstrommaschine von *K. Humburg.* Durchgesehener Neudruck.
I: 102 Seiten mit 59 Abbildungen. 1949 . . . . Bd. 257
II: 98 Seiten mit 38 Abbildungen. 1949 . . . . Bd. 881

Die synchrone Maschine von *K. Humburg.* Neudruck. 109 Seiten mit 78 Bildern. 1951 . . . . Bd. 1146

Induktionsmaschinen von *F. Unger.* 2., erweiterte Auflage. 142 Seiten mit 49 Abbildungen. 1954 . . . . Bd. 1140

Transformatoren von *W. Schäfer.* 2. Auflage. 128 Seiten mit 74 Abbildungen. 1949 . . . . Bd. 952

Die komplexe Berechnung von Wechselstromschaltungen von *H. H. Meinke.* 160 Seiten mit 114 Abbildungen. 1949 . Bd. 1156

Theoretische Grundlagen zur Berechnung der Schaltgeräte von *F. Kesselring.* 3. Auflage. 144 Seiten mit 92 Abbildungen. 1950 . . . . Bd. 711

Elektromotorische Antriebe (Grundlagen für die Berechnung) von *A. Schwaiger.* 3., neubearbeitete Auflage. 96 Seiten mit 34 Abbildungen. 1952 . . . . Bd. 827

Technische Tabellen und Formeln von *W. Müller.* 4., verbesserte und erweiterte Auflage von *E. Schulze.* 152 Seiten mit 105 Figuren. 1951 . . . . Bd. 579

Überspannungen und Überspannungsschutz von *G. Frühauf.* Durchgesehener Neudruck. 122 Seiten mit 98 Abbildungen. 1950 . . . . Bd. 1132

Maschinenbau

Werkzeugmaschinen von *K. P. Matthes.*
I: 110 Seiten mit 27 Abbildungen, 11 Zahlentafeln im Text und 1 Tafelanhang. 1954 . . . . Bd. 561
II: 1955. In Vorbereitung . . . . Bd. 562

Die Maschinenelemente von *E. A. vom Ende.* 2., verbesserte Auflage. 159 Seiten mit 173 Figuren und 12 Tafeln. 1950 Bd. 3

Das Maschinenzeichnen mit Einführung in das Konstruieren von *W. Tochtermann.* 4. Auflage.
I: Das Maschinenzeichnen. 156 Seiten mit 77 Tafeln. 1950 Bd. 589
II: Ausgeführte Konstruktionsbeispiele. 130 Seiten mit 58 Tafeln. 1950 . . . . Bd. 590

Getriebelehre von *P. Grodzinski.* 2., neubearbeitete Auflage.
I: Geometrische Grundlagen. 159 Seiten mit 142 Figuren. 1953 . . . . Bd. 1061

Gießereitechnik von *H. Jungbluth.*
I: Eisengießerei. 126 Seiten mit 44 Abbildungen. 1951 . . Bd. 1159

Die Dampfkessel und Feuerungen einschließlich Hilfseinrichtungen in Theorie, Konstruktion und Berechnung von *W. Marcard*†. 2. Auflage. Neubearbeitet von *K. Beck.*
I: Die theoretischen Grundlagen. Wärme, Verbrennung, Wärmeübertragung. 150 Seiten mit 42 Abbildungen und 16 Tabellen. 1951 . . . . Bd. 9
II: Dampfkessel. 147 Seiten mit 43 Abbildungen. 1952 . . Bd. 521

Technische Thermodynamik von *W. Nusselt.*
I: Grundlagen. 3., verbesserte Auflage. 144 Seiten mit 71 Abbildungen. 1950 . . . . Bd. 1084
II: Theorie der Wärmekraftmaschinen. Neudruck. 144 Seiten mit 87 Abbildungen und 32 Zahlentafeln. 1951. . Bd. 1151

Autogenes Schweißen und Schneiden von *H. Niese.* 5. Auflage. Neubearbeitet von *A. Küchler.* 136 Seiten mit 71 Figuren. 1954 . . . . Bd. 499

Elektrische Schweißverfahren von *H. Niese.* Herausgegeben von *H. Dienst.* In Vorbereitung . . . . Bd. 1020

Metallkunde. Einführendes über Aufbau, Eigenschaften und Untersuchung von Metallen und Legierungen sowie über Grundlagen des Schmelzens, des Gießens, des Verformens, der Wärmebehandlung, der Oberflächenbehandlung, der Verbinde- und Trennarbeiten von *H. Borchers.* 2. Auflage.
I: Aufbau der Metalle und Legierungen. 110 Seiten mit 2 Tabellen und 90 Abbildungen. 1950 . . . . Bd. 432
II: Eigenschaften. Grundzüge der Form- und Zustandsgebung. 154 Seiten mit 8 Tabellen und 100 Abbildungen. 1952 . . . . Bd. 433

Dynamik von *W. Müller.* 2., verbesserte Auflage.
I: Dynamik des Einzelkörpers. 128 Seiten mit 48 Figuren. 1952 . . . . Bd. 902
II: Systeme von starren Körpern. 102 Seiten mit 41 Figuren. 1952 . . . . Bd. 903

Technische Schwingungslehre von *L. Zipperer.*
I: Allgemeine Schwingungsgleichungen, einfache Schwinger. 2., neubearbeitete Auflage. 120 Seiten mit 101 Abbildungen. 1953 . . . . Bd. 953
II: In Vorbereitung . . . . Bd. 961

Hebezeuge von *G. Tafel.*
I: 2., verbesserte Auflage. 276 Seiten mit 230 Figuren. 1954 . . . . Bd. 414/414a

Wasserbau

Wasserkraftanlagen von *A. Ludin.* 2 Bände. 1955. In Vorbereitung . . . . Bd. 665/666

Verkehrswasserbau von *H. Dehnert.*
I: Entwurfsgrundlagen, Flußregelungen. 103 Seiten mit 52 Textabbildungen. 1950 . . . . Bd. 585
II: Flußkanalisierungen und Schiffahrtskanäle. 94 Seiten mit 60 Textabbildungen. 1950 . . . . Bd. 597
III: Schleusen und Hebewerke. 98 Seiten mit 70 Textabbildungen. 1950 . . . . Bd. 1152

Talsperren von *F. Tölke.* 122 Seiten mit 70 Abbildungen. 1953 Bd. 1044

Wehr- und Stauanlagen von *H. Dehnert.* 134 Seiten mit 90 Abbildungen. 1952 . . . . Bd. 965

Hoch- und Tiefbau

Die wichtigsten Baustoffe des Hoch- und Tiefbaus von *O. Graf.* 4., verbesserte Auflage. 131 Seiten mit 63 Abbildungen. 1953 . . . . Bd. 984

Baustoffverarbeitung und Baustellenprüfung des Betons von *A. Kleinlogel.* 2., neubearbeitete und erweiterte Auflage. 126 Seiten mit 35 Abbildungen. 1951 . . . . . . Bd. 978

Festigkeitslehre von *W. Gehler*† und *W. Herberg.*

I: Elastizität, Plastizität und Festigkeit der Baustoffe und Bauteile. Durchgesehener und erweiterter Neudruck. 159 Seiten mit 18 Bildern. 1952 . . . . Bd. 1144

II: Formänderung, Platten, Stabilität und Bruchhypothesen. Bearb. von W. Herberg und N. Dimitrov. Mit 94 Bildern. In Vorbereitung . . . . Bd. 1145

Grundlagen des Stahlbetonbaus von *A. Troche.* 2., neubearbeitete und erweiterte Auflage. 208 Seiten mit 75 Abbildungen, 17 Bemessungstafeln und 20 Rechenbeispielen. 1953 . . . . Bd. 1078

Fenster, Türen, Tore aus Holz und Eisen. Eine Einleitung zu ihrer guten Gestaltung, wirtschaftlichen Bemessung und handwerksgerechten Konstruktion von *W. Wickop.* 4. Auflage. 1955. In Vorbereitung . . . . Bd. 1092

Heizung und Lüftung von *J. Körting*† und *W. Körting.* 8., neubearbeitete Auflage.

I: Das Wesen und die Berechnung der Heizungs- und Lüftungsanlagen. 140 Seiten mit 29 Abbildungen und 18 Zahlentafeln. 1951 . . . . Bd. 342

II: Die Ausführung der Heizungs- und Lüftungsanlagen. 152 Seiten mit 165 Abbildungen und 7 Zahlentafeln. 1954 . . . . Bd. 343

SAMMLUNG GÖSCHEN / BANDNUMMERNFOLGE

1 Langosch, Der Nibelunge Nôt
3 vom Ende, Maschinenelemente
9 Marcard-Beck, Dampfkessel I
13 Lotze, Geologie
20 Hofstaetter-Spree, Dt. Sprachlehre
29 Brauns-Chudoba, Allg. Mineralogie
30 Eckert-Greifendorff-Kleffner, Kartenkunde
31 Brauns-Chudoba, Spez. Mineralogie
37 Klemm, Anorganische Chemie
38/38a Schlenk, Organ. Chemie
42 Behn, Vorgeschichte Europas
51 Bürklen-Ringleb, Mathematische Formelsammlung
59 Krahe, Indogerm. Sprachwiss.
61 Biehle, Redetechnik
66 Berneker-Vasmer, Russische Grammatik
70 Nestle, Griech. Literaturgesch. I
71 Schulze, Allgem. und physikalische Chemie I
76 Döring, Einführ. i. d. theoret. Physik I
77 Döring, Einführ. i. d. theoret. Physik II
79 Hempel, Gotisches Elementarbuch
80 Weigert, Stilkunde I
87 Witting, Differentialrechnung
88 Witting, Integralrechnung
101 v. Wiese, Soziologie
111 Hoffmann-Debrunner, Geschichte der griech. Sprache I
114 Hoffmann-Debrunner, Geschichte der griech. Sprache II
117 Brandenstein, Griechische Sprachwissenschaft
125 Vossler, Italienische Literaturgeschichte
136 Mahler, Physikalische Formelsammlung
141 Geitler, Morphologie der Pflanzen
142 Haack, Darst. Geometrie I
143 Haack, Darst. Geometrie II
145 Weimer, Geschichte der Pädagogik
146 Witting, Repetitorium und Aufgabensammlung zur Differentialrechnung
147 Witting, Repetitorium und Aufgabensammlung zur Integralrechnung
170 Oehlmann, Musik des 19. Jahrhunderts
173 Bruhns-Ramdohr, Petrographie
180 Böhm, Versicherungsmathematik I
184 Blümcke, Textilindustrie I
200/200a Gottschald, Dt. Rechtschreibungswörterbuch
210 Bruhns-Ramdohr, Kristallographie
220/220a Moser, Allgemeine Musiklehre
221 Jander-Jahr, Maßanalyse I
222 Hassak-Beutel, Warenkunde I
223 Hassak-Beutel, Warenkunde II
226 Hofmann, Geschichte der Mathematik I
228 Vogel, Landw. Tierzucht
230 Krieger, Bad. Geschichte
243 Mahler, Physikal. Aufgabensammlung
247 Hoppe, Analytische Chemie I
248 Hoppe, Analytische Chemie II
252 Dassler, Elektrochemie I
253 Dassler, Elektrochemie II
256 Haussner, Aufgabensammlung zur analytischen Geometrie der Ebene
257 Humburg, Die Gleichstrommaschine I
264 Lockemann, Geschichte der Chemie I
265 Lockemann, Geschichte der Chemie II
270 Kirn, Einführung in die Geschichtswissenschaft
279 Jacob, Quellenkunde der deutschen Geschichte I
280 Jacob, Quellenkunde der deutschen Geschichte II
281 Leisegang, Einführung in die Philosophie
284 Jacob-Weden, Quellenkunde der deutschen Geschichte III

319 Krug, Australien und Ozeanien
329 Scharrer, Agrikulturchemie I
335 Braun-Klug, Fette und Öle
336 Braun-Klug, Seifenfabrikation
342 Körting, Heizung und Lüftung I
343 Körting, Heizung und Lüftung II
344 Moser, Musikästhetik
352 Devrient. Thüring. Geschichte
354 Valentiner, Vektoranalysis
355 Neger-Münch, Nadelhölzer
356 Lüdemann, Fische
375 Preller, Geschichte Englands I
394/394a Schilling, Von der Renaissance bis Kant
414/414a Tafel, Hebezeuge I
422 Gottschald, Dt. Personennamen
423 Adler, Fünfstell. Logarithmen
432 Borchers, Metallkunde I
433 Borchers, Metallkunde II
439 Jaeckel, Würmer
440 Jaeckel, Weichtiere
445 Asmus, Physikal.-chemische Rechenaufgaben
452 Bahrdt-Scheer, Stöchiometrische Aufgabensammlung
468 Werkmeister, Vermessungskunde I
469 Werkmeister, Vermessungskunde II
483 Henglein, Lötrohrprobierkunde
492 Stolz-Debrunner, Geschichte der lateinischen Sprache
499 Niese, Autogen. Schweißen
500 Simmel, Hauptprobleme der Philosophie
521 Marcard-Beck, Dampfkessel und Feuerungen II
536 Lehmann, Kant
538 Rumpf, Archäologie I
539 Rumpf, Archäologie II
557 Nestle, Griechische Literaturgeschichte II
561 Matthes, Werkzeugmaschinen I
562 Matthes, Werkzeugmasch. II
564 Behn, Kultur der Urzeit I
565 Behn, Kultur der Urzeit II
566 Behn, Kultur der Urzeit III
571 Lehmann, Philosophie des 19. Jahrhunderts I
576/576a Moser, Gesangskunst
579 Müller-Schulze, Techn. Tabellen
585 Dehnert, Verkehrswasserbau I
589 Tochtermann, Maschinenzeichnen I
590 Tochtermann, Maschinenzeichnen II
594 Lengerken, Insekten
597 Dehnert, Verkehrswasserbau II
619 Buchwald, Kristalloptik
665 Ludin, Wasserkraftanlagen I
666 Ludin, Wasserkraftanlagen II
668 Knopp, Funktionentheorie I
691 Fauser, Kulturtechn. Bodenverbesserungen I
692 Fauser, Kulturtechn. Bodenverbesserungen II
698 Schulze, Allgemeine und physikalische Chemie II
703 Knopp, Funktionentheorie II
709 Lehmann, Philosophie des 19. Jahrhunderts II
711 Kesselring, Berechnung der Schaltgeräte
718 Neger-Münch, Laubhölzer
763/763a Beer-Meyer, Hebräische Grammatik I
764/764a Beer-Meyer, Hebräische Grammatik II
768 Bieberbach, Einführung in die konforme Abbildung
780 Krahe, Germ. Sprachwiss. II
781 Weigert, Stilkunde II
768 Schulze, Molekülbau
807 Kropp, Erkenntnistheorie I
809 Moser, Harmonielehre I
810 Moser, Harmonielehre II
826 Koch, Philosophie des Mittelalters
827 Schwaiger, Elektromotorische Antriebe
837 Baumgartner, Gruppentheorie
845 Lehmann, Philosophie im ersten Drittel des 20. Jahrhunderts
847 Herter, Lurche
857 Capelle, Griech. Philosophie I
858 Capelle, Griech. Philosoph. II
859 Capelle, Griech. Philosoph. III
862 Werkmeister, Vermessungskunde III
863 Capelle, Griech. Philosoph. IV
877 Knopp, Aufgabensammlung zur Funktionentheorie I

878 Knopp, Aufgabensammlung zur Funktionentheorie II
881 Humburg, Gleichstrommaschine II
902 Müller, Dynamik I
903 Müller, Dynamik II
910 Jaeger, Afrika I
911 Jaeger, Afrika II
917/917a Böhm, Versicherungsmathematik II
920 Hoheisel, Gewöhnliche Differentialgleichungen
929 Schirmer, Dt. Wortkunde
930 Krull, Elementare und klassische Algebra I
931 Hasse, Höhere Algebra I
932 Hasse, Höhere Algebra II
952 Schäfer, Transformatoren
953 Zipperer, Techn. Schwingungslehre I
961 Zipperer, Techn. Schwingungslehre II
965 Dehnert, Wehr- u. Stauanlagen
970 Baldus-Löbell, Nichteuklid. Geometrie
972 Herter, Tierphysiologie I
973 Herter, Tierphysiologie II
978 Kleinlogel, Baustoffverarbeitung und Baustellenprüfung des Betons
984 Graf, Die wichtigsten Baustoffe des Hoch- und Tiefbaues
1000 Jaspers, Geistige Situation
1002 Jander-Jahr, Maßanalyse II
1003 Hoheisel, Partielle Differentialgleichungen
1008 Mellerowicz, Allgemeine Betriebswirtschaftslehre I
1009 Bechert-Gerthsen, Atomphysik I
1014 Huttenlocher, Mineral- und Erzlagerstättenkunde I
1015/1015a Huttenlocher, Mineral- und Erzlagerstättenkunde II
1021 Niese-Dienst, Elektr. Schweißverfahren
1031 Apel, Philosophisches Wörterbuch
1033 Bechert-Gerthsen, Atomphysik II
1034 Kranefeldt, Therapeutische Psychologie
1039 Dovifat, Zeitungslehre I
1040 Dovifat, Zeitungslehre II
1044 Tölke, Talsperren
1045 Schubert, Technik des Klavierspiels
1057 Roth, Thermochemie
1059 Hoheisel, Aufgabensammlung zu den gewöhnl. und partiellen Differentialgleichungen
1061 Grodzinski, Getriebelehre I
1065 Haller, Von den Karolingern zu den Staufern
1070 Sauter, Differentialgleichungen der Physik
1078 Troche, Stahlbetonbau
1082 Hasse-Klobe, Aufgabensammlung zur Höheren Algebra
1084 Nusselt, Technische Thermodynamik I
1086 Müller, Dt. Dichten u. Denken
1088 Preller, Geschichte Englands II
1092 Wickop, Fenster, Türen, Tore,
1094 Hernried, System. Modulation
1096 Viëtor, Dt. Dichten u. Denken
1105 Hartung, Dt. Geschichte im Zeitalter der Reformation
1109 Knopp, Elemente der Funktionentheorie
1111 Naumann-Betz, Althochdeutsches Elementarbuch
1113 Strubecker, Differentialgeometrie I
1114 Schubel, Englische Literaturgeschichte I
1115 Ranke, Altnord. Elementarbuch
1116 Meissner, Englische Literaturgeschichte II
1121 Naumann, Dt. Dichten und Denken
1122 Feist, Sprechen und Sprachpflege
1123/1123a Bechert-Gerthsen, Atomphysik III
1124 Meissner, Englische Literaturgeschichte III
1125 Lehnert, Altengl. Elementarbuch
1127 Hartmann, Geschlecht und Geschlechtsbestimmung im Tier- und Pflanzenreich

1128 Buchner, Symbiose der Tiere mit pflanzl. Mikroorganismen
1130 Dibelius, Jesus
1131 Scholz-Schoeneberg Einführung in die Zahlentheorie
1132 Frühauf, Überspannungen und Überspannungsschutz
1134 Kuckuck, Pflanzenzüchtung I
1135 Lehnert, Beowulf
1136 Meissner, Englische Literaturgeschichte IV
1137 Heil, Entwicklungsgeschichte des Tier- und Pflanzenreichs
1138 Hämmerling, Fortpflanzung im Tier- und Pflanzenreich
1140 Unger, Induktionsmaschinen
1141 Koller, Hormone
1142 Meissner-Lehnert, Shakespeare
1144 Gehler, Festigkeitslehre I
1145 Herberg, Festigkeitslehre II
1146 Humburg, Synchrone Maschine
1147 v. Waltershausen, Kunst des Dirigierens
1148 Pepping, Der polyphone Satz I
1151 Nusselt, Technische Thermodynamik II
1152 Dehnert, Verkehrswasserbau III
1153 Mellerowicz, Allgem. Betriebswirtschaftslehre II
1154 Mellerowicz, Allgem. Betriebswirtschaftslehre III
1155 Schwartz, Mikrobiologie I
1156 Meinke, Kompl. Berechnung der Wechselstromschaltungen
1157 Schwartz, Mikrobiologie II
1158 Mayrhofer, Sanskrit-Grammatik
1159 Jungbluth, Gießereitechnik I
1160 Dibelius-Kümmel, Paulus
1161 Kaestner, Spinnentiere
1162 Seidel, Entwicklungsphysiologie der Tiere I
1163 Seidel, Entwicklungsphysiologie der Tiere II
1165/1165a Bechert-Gerthsen, Atomphysik IV

AUTORENREGISTER

FSC
www.fsc.org
MIX
Papier | Fördert gute Waldnutzung
FSC® C083411

Zeitfracht Medien GmbH
Ferdinand-Jühlke-Straße 7
99095 Erfurt, Deutschland
produktsicherheit@kolibri360.de